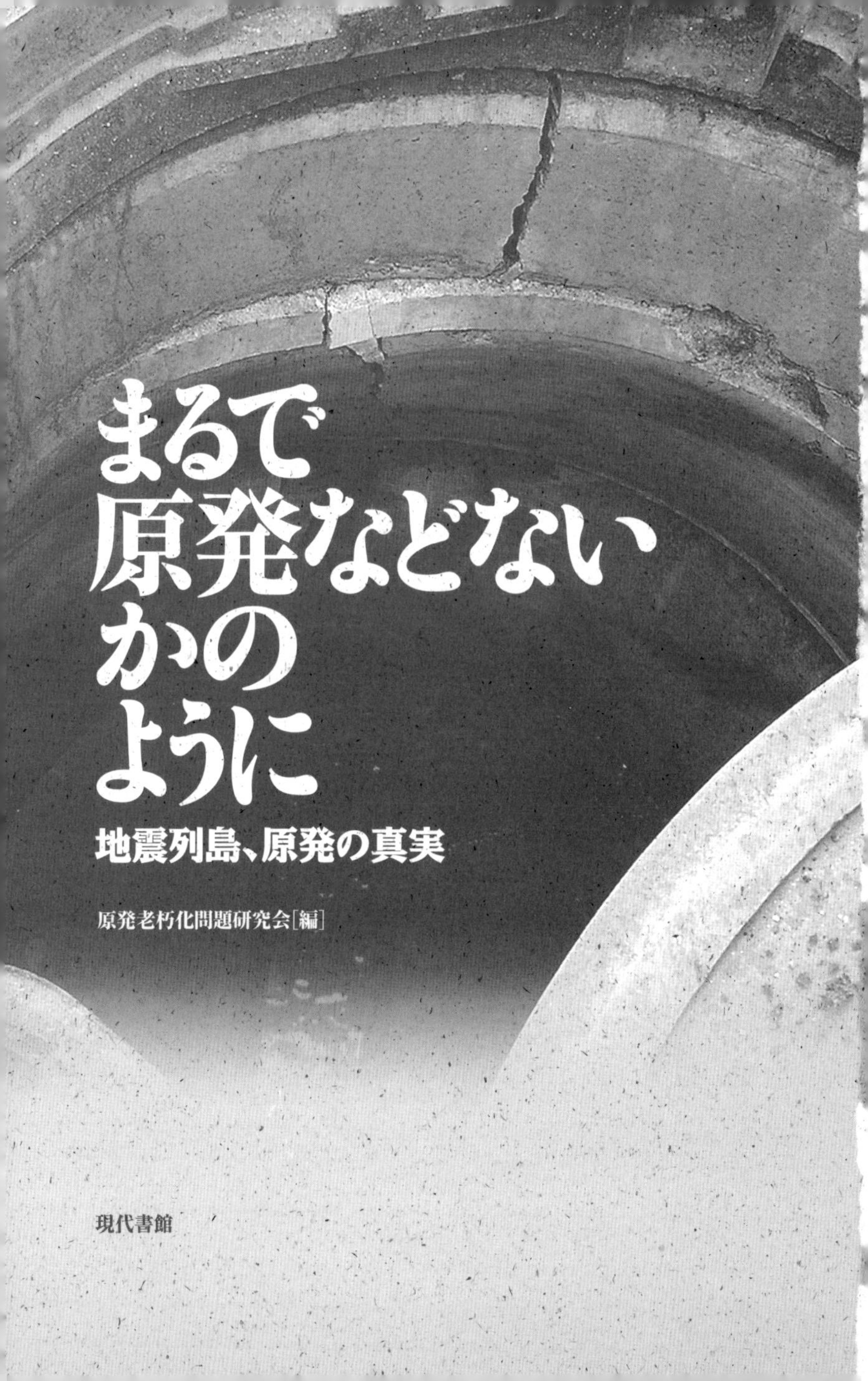

まるで原発などないかのように

地震列島、原発の真実

原発老朽化問題研究会［編］

現代書館

まえがき

おだやかな日々が一瞬の間に、修羅の場になることがあります。逃げる間がない。からだの自由が奪われてしまった。ようやく逃げようとすると、道路がふさがっている。

「天災は忘れたころにやってくる」と、室戸台風（一九三四年）の大きな被害のあと、物理学者の寺田寅彦は書きのこしました。

「おびたたしく大地震《おほなゐ》ふること侍りき。そのさま、よのつねならず。山はくづれて河を埋《うづ》み、海は傾《かたぶ》きて陸地《ろくぢ》をひたせり。土裂けて水湧き出で、巌《いはほ》割れて谷にまろび入る。」としるしたのは、十三世紀、鴨長明です（『方丈記』）。

一九八六年、よもやと思われた大惨事がチェルノブイリでおきました。ヒロシマ・ナガサキにつながっています。科学技術文明が高度に発達した現代では、自然災害に人為的というべき事故がかさなったらどうなるでしょうか？　はてしない恐怖がひろがります。

原発の老朽化はとくに心配なことの一つで、そう考える有志があつまって研究会をつくっています。そのうちの何人かで著わしたのが本書です。

わたしたちは、日常的に電気の恩恵にあずかっていて、原発のことなどは忘れがちでしょう。しかし、もしかしたら、とお考えの方に本書をおすすめしたいとおもいます。内容によって、さっと読める章と、そうでない章とがあるかもしれません。気に入ったところからお読みいただいてかまいません。かんたんに言うと、つぎのような内容です。

第一章：原発には十分な「安全余裕」があるという、本当のような神話。
第二章：原発でじわじわと進行しているひび割れと放射線による材料の劣化。
第三章：じっさいにおこった日本の原発事故の、ヒヤッとする事例。
第四章：去年の中越沖地震と柏崎刈羽原発におこった事実の深い闇。
第五章：やがてくる東海大地震にたいして住民がおこした運転差し止め訴訟。
最後の章は、原子力という選択は正しかったのか、これからどうすればよいのか。

お読みになったうえで、忌憚のないご意見、ご批判をいただければ幸いです。

二〇〇八年　残暑のきびしい候

執筆者を代表して　山口　幸夫

まるで原発などないかのように＊目次

まえがき　1

第一章　はびこりはじめた「安全余裕」という危険神話……田中　三彦……7

1　まるで原発などないかのように……　7
2　「安全率」とは何だろう？　16
3　原発はこんなに「不確実」　32
4　「三つの安全余裕」のでたらめぶり　59

第二章　材料は劣化する——大惨事の温床……井野　博満……71

1　材料劣化で原発事故が起こった　71
2　ステンレスの応力腐食割れは防げない　79
3　中性子照射で圧力容器は脆化する　94
4　地震で材料は強くなるという珍説　107
5　工学は価値中立的か　115

第三章　原発の事故はどう起こっているのか……上澤　千尋……129

1　柏崎刈羽原発を地震が襲った　129

2　原子炉臨界・暴走、制御棒落下事故　140
3　発電用タービンの破壊　148
4　その他の事故について　153

第四章　中越沖地震と東京電力柏崎刈羽原発……………………武本　和幸……155
1　中越沖地震　155
2　起こるべくして起こった柏崎刈羽原発の地震被害　159
3　中越沖地震で起こったこと　162
4　海底活断層と復興ビジョン　167
5　基準地震動　178
6　幸いだった「小さな地震」と「余震の少なさ」　181

第五章　東海地震と中部電力浜岡原発――運転差し止め一審裁判の概要…只野　靖……191
1　なぜ、日本は世界有数の地震国であると言われているのか?　192
2　浜岡原子力発電所は東海地震の震源真上に建設された　194
3　耐震設計とは　198

4　中央防災会議による東海地震の地震動　201
5　では、どのような地震を考えるべきか　204
6　では、原発のどこが危ないのか？　206
7　中部電力の「余裕論」と田中三彦氏の証言　211
8　請求棄却判決の非科学性　212
9　アスペリティの位置はどのように定められたかについての溝上証言の信用性　218
10　最後に　220

第六章　原発は正しい選択だったか……山口　幸夫……221
1　原子力とは　221
2　原子力ルネッサンスか？　236

日本の原子力発電所一覧　250

あとがき　251

第一章　はびこりはじめた「安全余裕」という危険神話

田中　三彦

1　まるで原発などないかのように……

いつのまにか55基

たとえば航空機事故がそうであるように、原発の大事故も起きるときはある日突然予告なしに起きる。このことを少しの皮肉を込めて言い換えれば、原発は大事故を起こす直前までは安全だ。原発の安全性とは本質的にそういうものであって、けっしてそれ以上のものではない。それが、大都会の東京、日本の首都・東京に原発が存在しない根本的な理由である。だが世の中には、「危険は現代の利便性の代償。危険だからゲンパツに反対だというなら同じ理屈で飛行機にも反対し、乗るべきではない」などと、勝ち誇ったように言い放つ威勢のいい文化人や技術評論家も少なくない。

原発が大事故を起こせば、人的被害、生態的・環境的被害、社会的・経済的被害は甚大である。苦しみは一時的ではなく、何年、何十年と続く。あまつさえ、すべてが海岸沿いに建っている日本の原発が大事故を起こせば、被害は日本だけにとどまらない。放射性物質は、大気はもとより海流にも乗って世界各国に拡散する。私が好きなハンガリー生まれの思想家で、優れた科学ジャーナリストでもあった故アーサー・ケストラー（一九八三年没）はこう書いている――「有史、先史を通じ、人類にとってもっとも重大な日はいつかと問われれば、私は躊躇なく一九四五年八月六日と答える。理由は単純だ。意識の夜明けからその日まで、人間は〝個としての死〟を予感しながら生きてきた。しかし人類史上初の原子爆弾がヒロシマ上空で太陽を凌ぐ閃光を放って以来、人類は〝種としての絶滅〟を予感しながら生きていかねばならなくなった」*。人類にとって核とは、原発とは、そういうものであって、〝個としての死〟を予感させるだけの航空機とは根本的にちがう。

そんな原発を日本はすでに55基も抱え込んでいるというのに、われわれの多くはまるで原発など存在していないかのように毎日を過ごしている。多くの人が東海地震には大きな関心と不安を抱いてはいても、中部電力浜岡原発の5基がその想定震源域の只中にあるという恐るべき事実を、たとえば東京都民や横浜市民のうちのどれほどの人が知っているだろうか。もしかすると、浜岡原発そのものの存在を知らない人も少なくないかもしれない。

東京電力（以下、東電）の管轄区域は東京都と茨城、栃木、群馬、埼玉、千葉、神奈川、山梨の7県、それに静岡県の富士川以東だが、なんとこれらの区域に東電の原発は一つもない。現在東電が所有

＊アーサー・ケストラー著『ホロン革命』（田中三彦＋吉岡佳子訳、工作舎、一九八三）より

している17基の原発はすべて管轄区域外の新潟県と福島県にある。これらの原発は両県の住民に不安を与えこそすれ、電気を供給してはいない。発電された電気はすべて送電線で東電管轄区へ送られ、そこで使われる。二〇〇七年夏の中越沖地震の際、想定をはるかに超える地震動に揺さぶられ、大きな被害を受けた世界最大の原発基地「東電柏崎刈羽原発」。そのキズモノ原発の運転再開に大きな不安を抱くのは、新潟県民、とりわけ柏崎市と刈羽村の住民であって、大いなる〝受益者集団〟の東京都民でも横浜市民でもない。これが「日本の電力の30パーセント強は原子力でまかなわれています」の実態だ。

実は、原発推進という国策を最も強力に後押ししているものは、大都会の人間の、意識されない無関心だ。寝ている者を目覚めさせてはならない――これが原発を推進する行政の暗黙の戦略であるだろうし、またそれは同時に、電力会社によるあの呆れたトラブル隠しやデータ捏造の背景でもあるだろうし、東京という大都会に原発が存在しないもう一つの理由でもあるだろう。寝ている者を目覚めさせてはならない――。

原発はそれなりに注意深く設計されているし、当然ながら多分〝それなりには〟慎重に運転され管理されてはいるだろうから、たとえわれわれが原発の存在を忘れてしまうほど長い間原発の大事故が起きないとしても、それは当たり前であって、とりたてて不思議ではない。だが、それは少しも原発が安全な構築物であることを意味しないし、「長い」は永遠を意味しない。原発が存在するかぎり、早晩それは大事故を起こすと考えておかねばならない。

事実、50年にも満たない原子力発電の歴史の中で、すでに二度、世界を震撼させた大事故が起きている。アメリカのスリーマイル島原発事故（一九七九年）、そして、旧ソ連のチェルノブイリ原発事故（一九八六年）である。

いとも簡単に……

日本は有数の地震国だ。だから日本の場合、原発の安全性（あるいは危険性）ということになると、どうしても地震と結びつけて論じられることが多い。しかし原発の大事故は地震によってのみ引き起こされるわけではない。実際、スリーマイル島原発事故も、チェルノブイリ原発事故も、地震とは無関係だった。表現を変えれば、原発の大事故は、必ずしも強烈な地震動のようなとてつもない破壊力を必要としているわけではない。以下で述べるように、力など少しもかからずとも、いわばのどかな通常運転状態が、ほとんど瞬時のうちに核燃料のメルトダウンへ、そして凄絶な

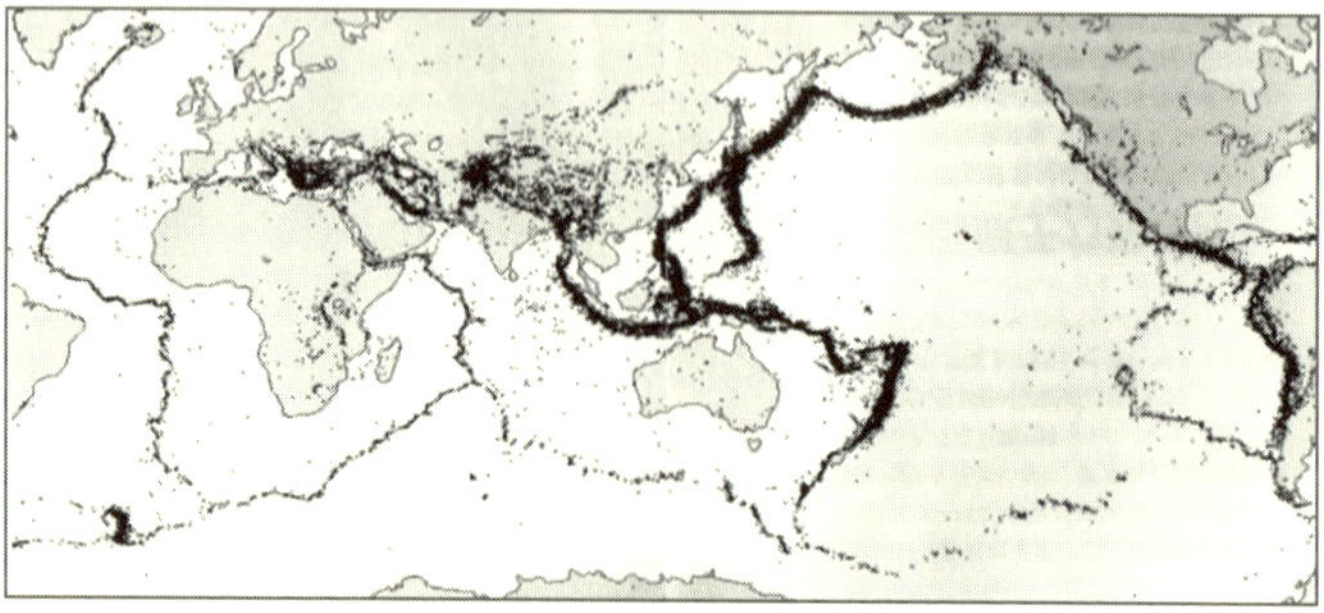

図 1-1 世界の地震分布
（M4以上、深さ 100km 以下、1975 ～ 1994 年）
日本列島は黒く塗りつぶされて見えないほどだ（出典：『理科年表』2008 年版）

大公衆災害へと発展する可能性を、原発はつねに孕んでいる！　スリーマイル島原発事故とはそういうものだった。この単純な事実をわれわれはけっして忘れてはならない。そしてその上、日本の原発は世界有数の地震の巣の中に置かれているということである（図１‐１参照）。その意味で、日本の原発の危険性は二重である。われわれの不安は二重である。

スリーマイル島原発は、アメリカ・ペンシルベニア州の州都ハリスバーグから約15キロのところ、サスケハナ川という大きな川の中州に建っている。中州の名が「スリーマイル島」であることから、その名がある。当時スリーマイル島原発は２基の「加圧水型原発」（ＰＷＲ）からなり、事故を起こしたのは営業運転に入ってわずか三カ月の、いわばピッカピカの２号機だった。

事故は一九七九年三月二十八日、早朝四時ちょうどに起きた。きっかけは加圧水型原発に特有の「２次系の給水ポンプ」が、突然自動的に停止したことだった（図１‐２参照。以後も適宜本図を参照のこと）。米原子力規制委員会（ＮＲＣ）の最新の資料によれば、ポンプが自動停止した原因は今なお〝これ〟と断定されてはいない。しかし、２次系の給水ポンプが突然停止してしまうというトラブルそれ自体は、どちらかと言えばマイナーなトラブルだった。だからそのトラブルは比較的簡単に収拾されるはずだった。が、実際はそうはならなかった。とりあえず結論だけを書けば、２次系のポンプが停止して２分とたたないうちに、１次系から水が失われる「冷却材喪失事故」（ＬＯＣＡ）[*1]という悪夢が進行し始めたのだ。ＬＯＣＡは「技術的見地からは起こるとは考えられない」[*2]いわゆる

＊1「冷却材喪失事故」を意味する英語 Loss Of Coolant Accident の略。
＊2「仮想事故」のこの説明は、文部科学省原子力安全課環境防災ネットの『原子力防災基礎用語集』による。

仮想事故――もっと有り体に言えば、原発の専門家が内心、実際には絶対起こらないと思っている事故――である。だが、その仮想事故がいとも簡単に現実のものとなったのだ。冷却材が原子炉からどんどん失われていく……。

原子炉の中に収められている大量の核燃料は、運転中つねに冷却材（水）の中に完全に没していなければならない。もし冷却材が失われたりすれば、「メルトダウン」というさらなる悪夢が進行し始める。そして実際そうなった。原子

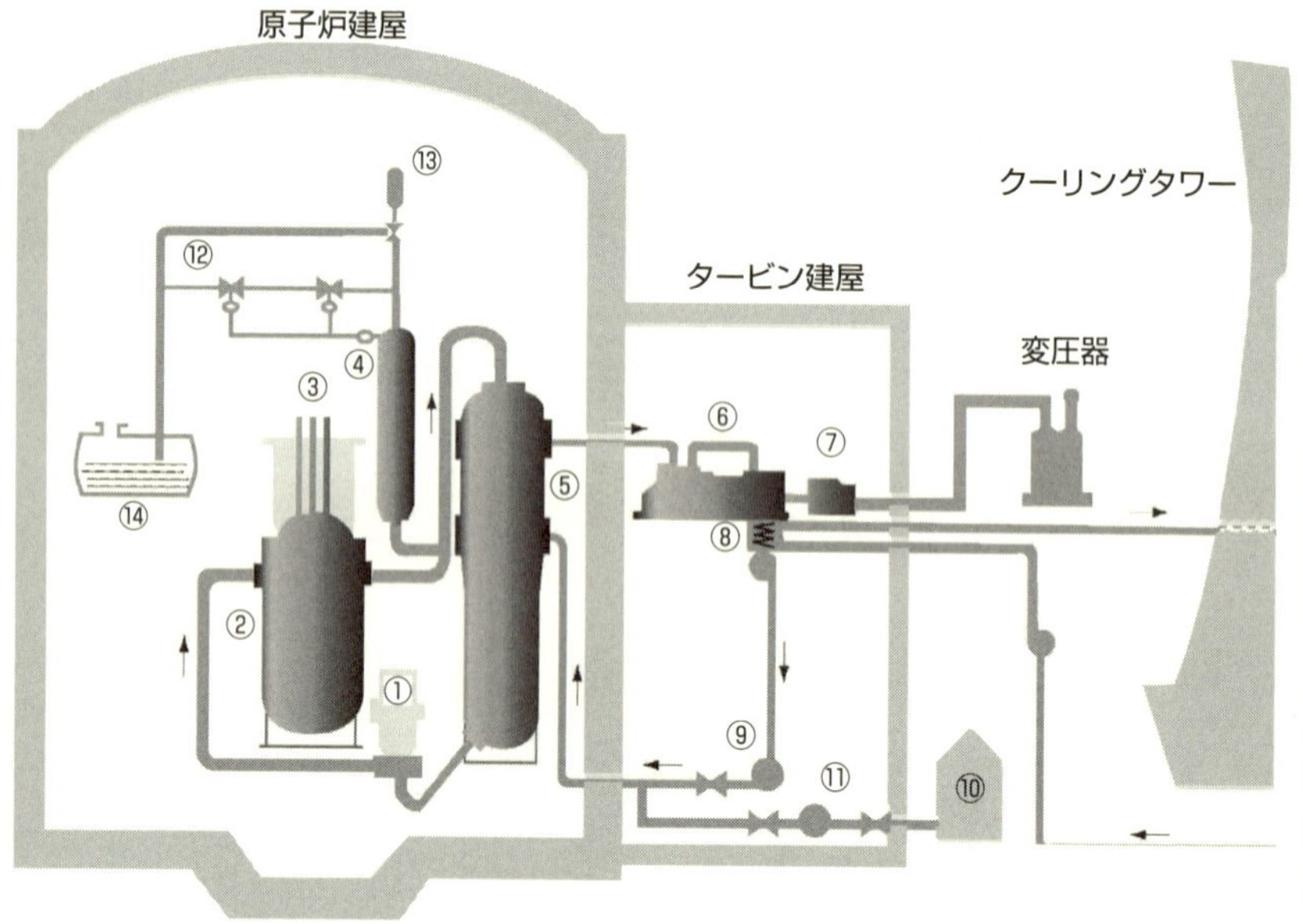

図1-2　スリーマイル島型原発（加圧水型原発）の概略図

①1次冷却材ポンプ　②原子炉容器　③制御棒　④加圧器　⑤蒸気発生器
⑥タービン　⑦発電機　⑧復水器　⑨(2次系)給水ポンプ　⑩復水タンク
⑪補助ポンプ　⑫圧力逃し弁　⑬安全弁　⑭加圧器逃しタンク

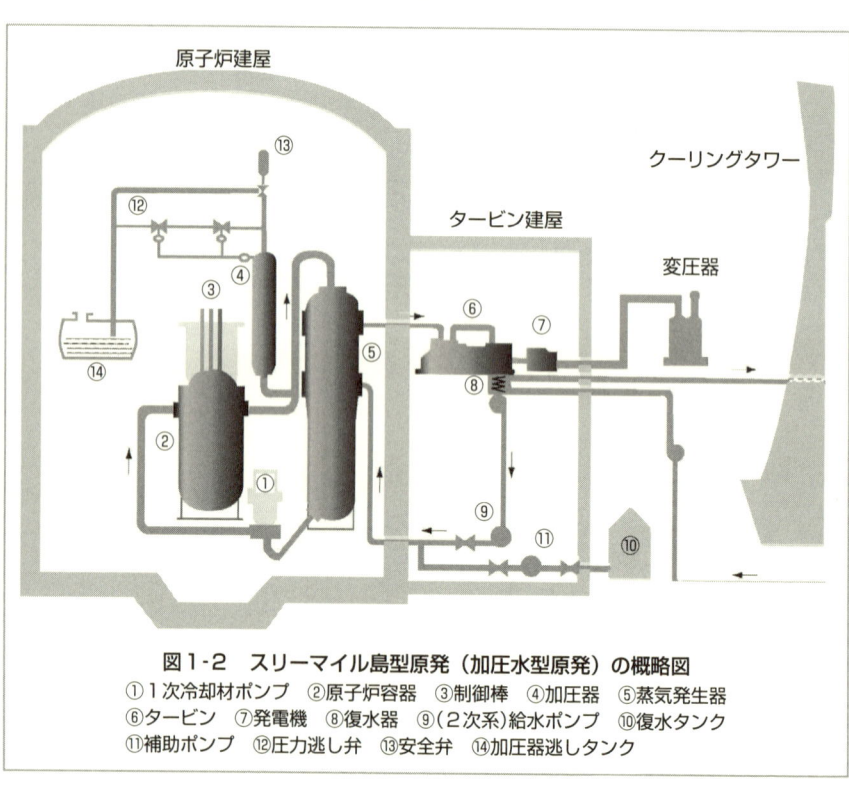

炉内の冷却材の水位が急激に降下し、核燃料が顔を出し始めた。そしてみずから出す高い熱によってそれは溶け始めた。

このようなメルトダウンが起こると、最悪の場合、ドロドロに溶けた高温の燃料や炉心物質が鋼製の原子炉容器の底に大量に堆積し、それにより炉の底も溶けて穴が開き、場合によって水蒸気爆発なども伴いながら、最終的に莫大な量の放射性物質を環境中にばらまく。もはや手を施す術のない原発大事故である。では、スリーマイル島原発事故の場合はどうだったのか。カメラを使った後年の炉内調査によって、大事故寸前であったことが明らかになった。核燃料や炉内物質がおよそ60トンも溶け、そのうちの約20トンが炉床に落下していた。前述のごとき最悪のシナリオが避けられたのは、ただただ幸運だったと言う以外にない。

それにしてもなぜマイナーなトラブルが一気にLOCAへ、そしてメルトダウンへと進展したのだろうか。そのことも含めて、スリーマイル島原発事故の要点を簡単にまとめておこう（適宜、前出の図1－2を参照のこと）。

① 2次系の給水ポンプが突然自動停止してすぐ、原子炉の圧力が上昇したため、加圧器の圧力逃し弁が自動的に開いた。圧力が下がれば弁はふたたび閉じるはずだったが、ここで想定外のことが起きた。圧力が低下してもなお弁が開いたままになる「開固着」という機械的トラブルが起きたのだ。そして開きっぱなしのその弁から、原子炉を満たしていた高温高圧の冷却材がどんどん炉外に

噴出していった。こうしてＬＯＣＡ（冷却材喪失事故）が始まった。ここまでは2分以内の話である。

②　どの原発にもＥＣＣＳ（緊急炉心冷却装置）という機械仕掛けの神《デウス・エクス・マキナ》が眠っている。原発推進者自慢の神である。その神が、原子炉の急激な圧力降下を自動的に察知して目覚め、原子炉に一気に冷たい水を注入し始めた。しかし、それによって原子炉内の高温の熱水（冷却材）がはげしく泡立ち、その結果、加圧器の水位計が押し上げられた。開いたままの弁から冷却材がどんどん炉外に流出していることを知らない運転員たちは、加圧器の見かけの水位に惑わされ、原子炉ばかりでなく加圧器までもが冷却材（水）で満たされていると勘違いし、ＥＣＣＳのポンプを止めるなどしながら原子炉に注入する冷却材の流量を絞った。これがＬＯＣＡをいっそう加速させた。

③　コントロール・ルーム（原発を運転するための広い部屋で、中央制御室とも呼ばれる）のパネルには加圧器の水位を表示するものはあったが、原子炉の水位を直接表示するものはなかった。また圧力逃し弁の開閉状況が適切に表示されるようになっていなかったため、運転員は弁の開固着に気づくのが遅れ、冷却材の量に関して間違った判断をした。

④　実は2次系の給水ポンプが自動停止した直後に補助ポンプが3台起動していた。しかし、この補助ポンプ系の二つの弁を、メンテナンス時に作業員が誤って閉じてしまっていた。そのため、そのことに気づくまで約8分間、冷却材が蒸気発生器に供給されなかった。これが事態を混乱、悪化させた。*

＊④を大事故の主因とする考え方も当初はあったが、ＮＲＣの最新の資料はそのようには位置づけていない。

われわれが今改めて心に十分留めておかねばならないことは、このスリーマイル島原発事故では、大地震による揺れ（地震動）のような物理的、破壊的な力はいっさい作用していないということ。〝作用した〟のは、弁の開固着という機械的なトラブル（①）、ヒューマンエラー（②と④）、そして、設計不良（③、これも大きくはヒューマンエラーと言えるだろう）だった。たったそれだけで、すなわち、ちょっとした機械的トラブルにちょっとしたヒューマンエラーが加わると、原発はいとも簡単に冷却材を喪失し――たとえECCSという機械仕掛けの神が目覚めても――燃料がメルトダウンし、事態が最悪のシナリオに向かって動き出してしまうのだ。これが原発の本質的に最も恐ろしい部分である。アメリカは、この事故によって、新規の原発の建設を中止するという道を選んだ。あれから約30年、トラウマが薄れつつあるのか、ブッシュ政権になって原発建設再開に意欲を見せ始めているが、少なくとも過去30年近く、アメリカはスリーマイル島原発事故の恐怖から自由ではなかった。スリーマイル島原発事故はそれほど恐ろしかった、原発とはそれほど怖い、ということである。

ところで、こんな疑問をもつ人はいないだろうか。機械的トラブルとヒューマンエラーによって冷却材喪失事故が起きているさなかに大地震が原発を襲う――そんなことを考える必要はないのか、と。これは特に地震国日本の原発に心配されることだが、そのような組み合わせを考えて設計されている原発はこの日本に1基も存在しない。

2 「安全率」とは何だろう？

「三つの安全余裕」という新しい神話

われわれ一般大衆に原発の存在を忘れさせるための装置としての「原発安全神話」には、いろいろなものがある。世にかなり深く浸透している「原発は五重の壁で守られています」などはその一つだろう。燃料ペレット、燃料被覆管、原子炉容器[*1]、原子炉格納容器、そして原子炉建屋——この五つが、原子炉からの放射能漏洩を防ぐ五重の壁であると、原発推進者たちは言う。この神話はチェルノブイリ原発事故の直後から日本で頻繁に使われ[*2]、たぶん今でも、各電力会社のホームページにそれを見いだすことができる。

誰の創作神話だろうか。ひどく出来の悪い神話ではある。私は一九七〇年代前半に、数年間、原子炉容器の構造設計に関わっていたことがあるが、当時私がそれなりに真剣に取り組んでいたものが実は放射能漏洩を防ぐための三番目の壁の設計だったとは、少しも知らなかった。原子炉容器とは、中で核燃料を核分裂させ、そのとき発生する莫大な熱で湯を沸かし蒸気をつくるための容器だ。いってみれば、それは巨大なヤカンである。ヤカンとは何か、と子どもに問われたとき、熱い湯が

＊1　「原子炉圧力容器」とも言う。
＊2　たとえば「原子力防災基礎用語集」サイトを参照（http://www.bousai.ne.jp/vis/bousai_kensyu/glossary/ko23.ht）

人の顔にかからないようにするための鉄の壁だよ、などと答える大人がいるだろうか。燃料ペレットも、その燃料ペレットを収納している燃料被覆管も、原子炉容器も、けっして防護壁としてつくられているわけではない。それらはどれも原子力発電という、本質的に危険な目的を実現するための「危険なカラクリ」であり、断じて防護壁などではない。それらは原発の危険因子そのものであって、危険を防止するためのものではない。

なるほど、たった一つ、放射能漏洩を防ぐことを唯一の目的とした壁がある。原発推進者が言うところの「四番目の壁」、原子炉格納容器がそれだ。そして、目的は壁などではないが、原子炉建屋も何かのとき壁として少しは役立つかもしれない。したがって、先の神話を正しく書き換えるとすれば、「原発の三つの危険なカラクリは、一つと少しの壁で守られています」となる。原発推進者はお気に召さないだろうが、このほうが科学・技術的にはよほど真実に近い。

一方、最近、新しい神話をしばしば耳にするようになった。「三つの安全余裕」というのがそれだ。原発推進者は、今後、「五重の壁と三つの安全余裕」などと、二つを組み合わせ標語のように使おうというのかもしれないが（ただし、この言葉の組み合わせの著作権は私にある！）、それはともかく、この三つの安全余裕という神話には十分注意がいる。すでにこの神話をもとに、原発推進者は、原発は十分余裕をもってつくられている、とか、原発には強度的に十分余裕がある、などと胸を張って主張しはじめているからだ。

私がこの余裕論に初めて出くわしたのは、東海地震の想定震源域の只中で動いている中部電力・

浜岡原子力発電所1~4号機の運転停止を求める民事訴訟[*1]（以後、浜岡原発裁判と呼ぶ）との関係で提出された、ある陳述書を読んでいるときだった。その陳述書を書いたのは班目春樹・東京大学大学院教授。知る人ぞ知る、バリバリの原発御用学者である。氏は、被告・中部電力の証人の一人としてその陳述書を書き、それにそって証言を行った。私は原告側の証人の一人だったので、ある日、氏の陳述書に目を通していて、この新しい神話に出くわした。

とりあえずその余裕論の要点を書いておけば、原発は実際は数十倍の安全余裕を有している、だから浜岡原発は十分安全だ、心配するな、というものだ。氏はこの余裕論で、浜岡原発は安全だ、東海地震が起きても何の心配もない、と主張しただけでなく、あるシンポジウムで、東電柏崎刈羽原発が「想定を大きく上回る地震動を受けたにも拘らずなぜ原子炉の安全機能は維持されたか[*2]」も説明してしまっている。よほどこの余裕論がお気に入りなのだろう。しかしこのように「実際は」をことのほか強調する氏の論理、何かを思い起こさせないだろうか。そう、あの耐震偽装問題だ。A元一級建築士に直接聞いてみないと分からないが、きっとこの安全余裕論、彼の頭の中にあったものと完全に同じではないかと思う。実際はいろんなところに余裕があるはず、だから大地震が起きてもマンションやホテルがすぐ崩壊するわけではない、だとすれば余裕を削ってコストダウンすることは可能――多分あの耐震偽装事件は、一人の建築士のそのような危うい発想から始まったと、

＊1　浜岡原子力発電所には5基の原発があるが、訴訟がなされたときは5号機はまだ建設が終わっていなかったので、訴訟の対象にはなっていない

＊2　この「　」の中の文は、二〇〇七年十一月十四日に東京で開かれた「新潟県中越沖地震から得られた知見から更なる安全性の向上へ」と題するシンポジウムでの講演題名。

私は思っている。

原発に（あるいは、マンションやホテルに）実際どれだけ余裕があるかを論理的、数的に説明するのはきわめて困難、いや不可能である。事実、班目氏自身、前出のシンポジウムでこう論じている。「実際の余裕がどれだけか、積み上げて説明するのは困難であるが、実機相当のもの*の加震実験等からは数十倍あると想像される」（傍点は筆者）。まさにそのとおり、原発に十分な余裕があるというのは模擬実験結果からの想像の話であり、工学的に証明された話ではない。

原発やマンションの安全性を想像の話で保証するわけにはいかない。それらの安全性は想像や推論によってではなく、あくまで合理的に保証されなければならない。関連する各種の法令、指針、技術基準はそのためにある。技術者はそれらにしたがって原発を、あるいはマンションを建設する。だから原発やマンションの安全性はあくまでそれらの法令、指針、技術基準の範囲で論じられなければならない。それらの範囲を超えて、今はやりの安全・安心を論じるのはナンセンスであり、ルール違反である。何か都合が悪くなると「実際は……」という話を持ち出すのはいわば蒸し返しであり、そんな話は何によっても、また誰によっても保証されてはいない。あの元一級建築士の物件が問題なのはまさにその部分であり、実際に壊れるか壊れないかの話ではない。

＊実際の機器を、たとえば4分の1ぐらいの大きさで模したモデル構造物。

M*6・8の中越沖地震が起きたとき、幸いにも柏崎刈羽原発の安全機能が維持されたことは、けっして、原発に十分な余裕があったという証拠にはならない。安全機能が維持されたというのは結果論でしかない。もしM7・2だったら？　もしM7・5だったら？　この問いに誰も確信をもって答えることはできない。中越沖地震は完全に想定外の地震だったから、その地震が起きたとき7基の柏崎刈羽原発は文字どおり運を天に任せた状態にあった。そのときの柏崎刈羽原発の挙動は、少しも工学的に予測されコントロールされたものではなかった。安全機能が維持されたのはたまたまであり、その「たまたま」を十分な余裕とすりかえて語ることは科学ではなく、人びとをミスリードする。

新米設計技師、丸棒を設計する

原発は十分な余裕をもってつくられている、とする班目氏の「三つの安全余裕」論。この先、その余裕論が具体的にどういうものか、そしてその余裕論がどのようにおかしいかを明らかにしていこうと思うが、その前に「安全率」というものを少し詳しく説明しておきたい。この安全率を正しく理解しないかぎり、「原発には十分な安全余裕がある」などという原発推進側の常套句のウソを見抜くことはできない。

まず、構造設計とは言えないようなごく簡単な構造設計の話から始めてみたいと思う。ある眺め

＊マグニチュード（Magnitude）の略。

のいい海辺に、半屋外式の広大な多目的イベント場が建設されつつあるとしよう。そのイベント場の天井を形成している頑丈な鋼鉄製の梁からは、重さ数トンの大型照明装置が一本の金属丸棒で吊り下げられることになっている。

そしてその丸棒の設計を、まだ経験も知識もあまりない新米設計技師が担当することになった。梁と丸棒の接合方法は上司のベテラン設計技師が考えるので、この新米技術者はとりあえず丸棒の材質と直径を決めればよい。それでも彼はドキドキしている。あまり安全を重視しすぎて必要以上に太い金属棒にはしたくない。梁から吊り下げられる照明装置は、実は全部で100ユニットもある。一つのコストの無駄は自動的に100倍になる。しかし、もちろん落下させたら大変だ。昔、東京の六本木でディスコの照明器具が落下し、多数の死傷者が出たという話を上司から聞いている。太すぎず、かといって細すぎず、そんな最適な丸棒を設計しなければならない……。

というわけで、彼がどのように設計するか、その思考過程を追うことにする。なお、ここでは、このような大型照明装置の支持方法と関係するような法規や技術基準のようなものはいっさいないものと仮定する。

まず、この新米設計技師——以後S氏と呼ぶ——は、材料に何を使うかを考える。炭素鋼にするか、低合金鋼にするか、ステンレス鋼にするか、それともアルミにするか、などだ。錆びないステンレスやアルミという選択もあるが、S氏はコストを優先し、比較的安価な炭素鋼を選択することにした。材料は決まった。次は、いよいよ棒の直径を決めなければならないが、これはそう単純ではない。S氏の頭の中には今、構造設計者なら誰もが知っている「応力―ひずみ線図」が浮かんでいる。

応力―ひずみ線図の話

「応力―ひずみ線図」とはなんだろうか。図1‐3のような形の金属試験片の両端を「引張り試験機」というものに取り付け、試験片の両端をゆっくり引っ張っていく。試験片は徐々に伸びていき、金属の種類にもよるが、炭素鋼などの場合は突然一部分が急激に細くなり、最後にドンと鈍く大きな音を立て、そこからちぎれてしまう（あの『広辞苑』にも載っていないので付け加えておけば、材料がちぎれることを材料力学では「破断」という。破談、ではない。念のため）。このような試験を「引張り試験」と言うが、その際、試験片にかけた荷重（力）と試験片の伸び量を時々刻々正確に記録しておけば＊、あとから図1‐4のような「応

図1‐3　代表的な試験片

形も大きさもいろいろだが、この図は、細い部分の長さが50mm強、直径12.5mmのＪＩＳ定形10号試験片。両端の太い部分を「引張り試験機」に固定して引っ張る。

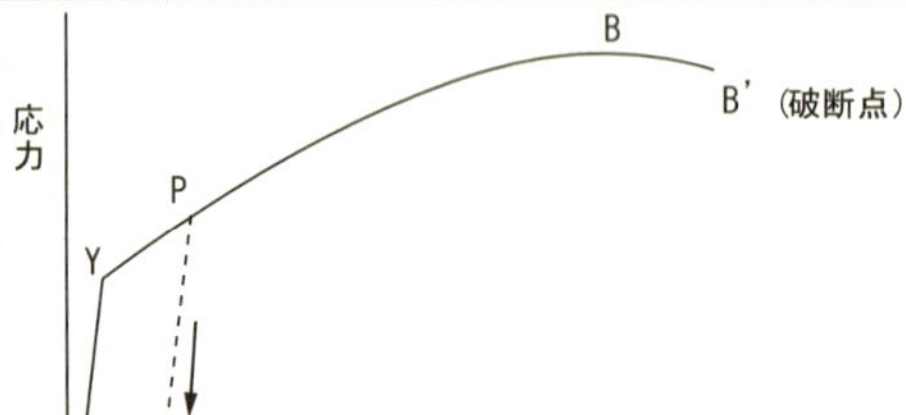

図1‐4　応力―ひずみ線図

＊これは原理的な話で、実際には試験片の伸び量を測定することはせず、試験片に「ひずみゲージ」というものを貼り付けて、直接ひずみ量を電気的に測定し記録していくのが普通だ。ただし、大きなひずみは測れない。

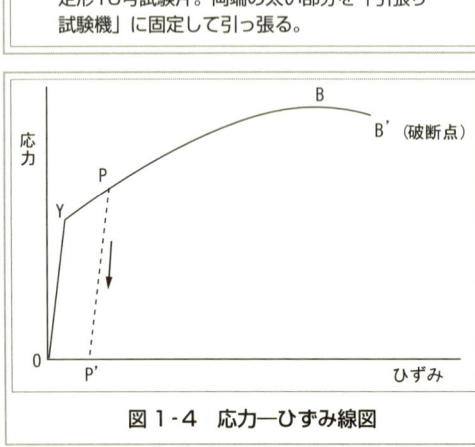

力―ひずみ線図」を描くことができる。この場合の応力とは、かけた荷重を試験片の断面積で割ったもの、ひずみは、試験片の伸び量を、元の長さで割ったものである。材料の成分元素や熱処理の履歴などが完全に同一で、試験温度が同じであれば、このようにして作成される応力―ひずみ線図はほとんど完全に一致する。

降伏応力と引張り強さ

まず、図1‐4のOY部分に注目。そこには応力とひずみの間に十分な比例関係があることが分かる。そしてこの範囲の材料の変形を「弾性変形」と呼ぶ。弾性変形の最も重要な特徴は、荷重（応力）を取り除くと伸び（ひずみ）も消えて、元（O点）に戻ることだ。ゴム紐を少し引っ張って伸ばしても、力を除くと元の長さに戻るのと同じだ。しかしY点を超えると、材料の抵抗力が下がり、図のようにだらだらと伸び始め、最終的にはB点を経てB′で破断する。そこでY点を材料の「弾性限界」とか「降伏点」と呼び、この点に対する応力をその材料の「降伏応力」と呼ぶ。一方、引張り試験における最大応力値（B点の応力）を、その材料の「引張り強さ」と言う。* この先しばしばこの「降伏応力」と「引っ張り強さ」という二つの言葉が登場するので、よく記憶しておいていただきたい。

材料が降伏点（Y点）を超えて変形すると、興味深いことが起きる。たとえば炭素鋼をO→Y→

＊破断点B′に対する応力がB点に対する応力よりも小さいのは一見奇妙だが、これは次のような理由による。図1‐4の縦軸の値は荷重Wを試験片の断面積A（一定）で割ったものだ。ところがB点を過ぎると、破断する部分の断面が急激に収縮し始める（これを「断面絞り」と言う）。したがって、B点を過ぎると、断面積が小さくなるので実際の応力（実応力）は急激に大きくなっている。

Pと引っ張ってから荷重（応力）を取り除くと、P→Y→Oと来た道をなぞって戻るのではなく、OYに平行な線P′Pに沿って戻ることだ。その結果、荷重（応力）がゼロになっても伸びはゼロにならず、O′Pという伸びが残る。ゴム紐を引っ張りすぎると、力を除いても元の長さに戻らず、少し伸びが残ってしまうのと同じ現象だ。このO′Pを「塑性変形」とか「永久変形」と呼ぶ。塑性ひずみ、永久ひずみ、と呼ぶこともある。

構造設計の基本――材料を「塑性変形」させてはならない

話を元に戻そう。ベテランの構造設計者であれば、材料が塑性変形を起こしてしまうような設計はしない。塑性変形すると材料がしなやかさ（専門的には「靱性」）を失って硬くなり（「硬化」し）、材料強度学的になにかと好ましくないからだ。それに弾性限界を超えると小さい荷重（応力）で大きく変形する（ひずむ）から、応力の推定を少し誤っただけでも材料が大きくゆがんだり一気に破損したりする恐れもある。とにかく、それやこれやで材料に塑性変形を生じさせないようにすることが構造設計の基本中の基本だ。新米のS氏もそれぐらいのことは知っていて、照明器具を吊り下げる丸棒が塑性変形を起こさない――つまり、照明器具を吊り下げたときに丸棒の断面に生じる応力（照明器具の重さを丸棒の断面積で割った値）が材料の「降伏応力」以下になる――ように丸棒の直径をきめようと決心する。*

＊ここでS氏が具体的にどんな式を使って丸棒の直径を求めようとしているかを考えてみる。照明装置の重さをW、材料の降伏応力をσ_y、丸棒の直径をｄとすると、丸棒の断面に生じる応力は照明装置の重さWを丸棒の断面積$\pi d^2/4$で割れば求められ、$4W/\pi d^2$となる。これがσ_y以下になればよいから、$4W/\pi d^2 \leqq \sigma_y$。この不等式を書き換えると、$d \geqq \sqrt{(4W/\pi\sigma_y)}$になる。S氏はこの不等式を満たすように丸棒の直径をきめようとしている。

しかし、降伏応力以下といっても、具体的にはどのぐらいにするのが適当だろうか。断面に生じる応力をずばり降伏応力と同じにするのは少し心配だ。少し間違えば、丸棒が塑性変形してしまうからだ。かといって、降伏応力よりずっと小さくするのでは、丸棒が太くなりすぎて経済的ではない。なにしろ吊り下げる照明器具は全部で100ユニットもある。無駄なコストがかかる設計はしたくない。

S氏は、鉄鋼便覧のようなものを開き、自分が使おうと思っている種類の炭素鋼（一口に炭素鋼と言っても種類はいろいろある）の降伏応力と引張り強さを調べる。その結果、降伏応力は60、引張り強さは100であることを知る。* そしてS氏は、照明器具を吊り下げたとき丸棒に発生する応力が40になるようにしようと決心する。降伏応力と同じ60ではなんとなく心配だし、かといって20とか30ではあまりにも余裕をとりすぎて不経済だ。降伏応力の三分の二の40あたりがなんとなく落ち着きがいい、そんなふうに思えたからだ。こうしてS氏は、「照明装置1ユニットの重さ÷棒の断面積＝40」という関係式から、照明器具を吊り下げる丸棒の半径を首尾よく割り出した。

安全率は「不確実さの程度」をあらわしている

いよいよ安全率の意味を考えてみる。そこで、この新米設計技師のS氏が設計した金属製丸棒にはいったいどれだけの安全率がとられているか、まず、そこから考えることにする。構造設計者が

*話を単純化するために、ここでは一連の架空の数値を使っている。単位も想定していない。ここで目を向けてもらいたいのはそれらの数値の「比」であって、絶対値ではない。ちなみに、応力の単位にはN/mm^2とかMPaなどが用いられている。

言う安全率は、第一義的には次のように定義できる。

安全率＝材料の引張り強さ÷理論的に推定される応力の最大値……①

具体的に述べてみよう。S氏が設計しているような丸棒ならコンピュータを使う必要はないが、もっと複雑な形の構造物に荷重がかかる場合、構造設計者は通常コンピュータを使って「応力解析」というものを行う。応力解析を行えば、構造物のどこにどのぐらいの応力が生じるかが分かる。ただし、あとで詳しく述べるように、「分かる」と言っても、けっして真実の応力が分かるということではない。あくまでそういう応力が「理論的に推定される」という意味でしかない。この点はとくに注意がいる。が、とにかく、応力解析を行えば構造物に生じる応力のうち最大のもの（最大応力）[*1]を理論的に推定することができる。そして、今仮にこれを50としておこう。[*2]一方、使われている材料の引張り強さが150だったとしよう。すると①式から、この構造物の安全率は、150÷50＝3、ということになる。何かの理由で、理論的に推定される最大応力の3倍の応力が構造物中に生じると、その構造物の一部あるいは全部が破壊したり破損したりする可能性がある――これが安全率3の意味である。では、何かの理由、とは何だろうか。そこが、安全率の意味と関係する最も重要な部分だ。

＊1　実際には「最大応力」ではなく別の種類の応力が使われることがあるが、その話は専門的にすぎるので、ここでは「最大応力」で話をすすめる。

＊2　前と同じように、ここでも、登場する一連の数値そのものに意味はない。

ところで、エレベーター、ケーブルカー、マンション、ビル、化学プラント、原発、等々、あげればきりがないが、社会的に安全性が強く求められている機械類や構造物は、関連する法規や技術基準にしたがって設計される。そして①式の「材料の引張り強さ」は、通常、それらに明記されている。これに対して同じ①式にある「理論的に推定される応力の最大値」は、構造設計者の考え方やセンス、計算手法などによって小さくもなるし大きくもなる。しかし、それがあまり大きいと構造物の安全性を脅かしかねない。そこでたいてい関連法規や関連基準にその上限値が明記されている。この上限値のことを、その材料の「許容応力」という。そして構造設計者は、理論的に推定される応力の最大値がこの許容応力を超えないように構造物を設計する。しかし、これを逆の側面から言えば、構造物には許容応力に等しい応力が生じている可能性がある。その場合、先の①式は、次の②式のようになる。そして構造設計者は、ふつうこの②式のほうを安全率の式として思い浮かべることが多い。

安全率＝材料の引張り強さ÷その材料の許容応力……②

またこれは次のように書き直すこともできる。

許容応力＝材料の引張り強さ÷安全率……②′

では、S氏が設計した丸棒の安全率はいくらだろうか。丸棒の設計と関係する法規や技術基準はないとして話を進めてきたから、②式ではなく①式を使ってそれを求めてみよう。S氏が選択した材料（炭素鋼）の引張り強さは100だった。またS氏は、その丸棒に発生する応力（あるいは応力の最大値）がちょうど40になるように、丸棒の直径を割り出した。したがって①式から、安全率は、100÷40＝2.5になる。

S氏も丸棒の安全率が2・5であることに同意する。では、この2・5の意味は何だろうか。S氏にその意味を尋ねてみる。すると、それは「安全余裕の程度である」と胸を張った。なぜなら、丸棒が本当に破断するには100の応力が必要なのに対して、発生応力を40に抑えている、その差60は安全余裕以外のなにものでもない、それはいわば贅肉であり、したがって「十分余裕をとった設計になっている」、と。どこかで聞いた台詞だ。

ほとんどの人がこのS氏の説明を正しいものとして受け入れるのではないかと思う。私の思うところ、専門家でさえそのように考えている人はけっして少なくない。しかし安全率とは、S氏が言うような「安全余裕の程度」などではない。

ふたたび、S氏に尋ねてみる。この半屋外式のイベント会場は海沿いに建っているので、塩分を含んだ潮風に長期間さらされて丸棒の表面がボロボロに錆び、少し細くなるかもしれないが、そのことを考えているか、と（もしかすると、S氏は、海沿いの施設であることを考慮して、ステンレスやアルミのような錆びない材料を選ぶべきだったかもしれない）。すると、そんなことは考えなかったが、たとえ丸棒が少々やせ細っても、安全率2・5と、もともと十分余裕のある設計になっているから、その余裕の中で吸収される話であり、少しも心配はない、と。

では、その金属棒の加工はどこの工場に頼むのか、本当にあなたが設計したとおりの寸法に加工してくれるという保証はあるのか、と。すると、たとえ少々削りすぎても、もともと十分余裕のある設計になっているから、その余裕の中で吸収される話であり、少しも心配はない、と。

では、丸棒はどこの材料メーカーから仕入れるのか、炭素鋼の性質や強度は微量に含まれている他の元素の量（これを「化学成分」という）でかなり変化するので、場合によってはあなたが想定している引張り強さや降伏応力の値が保証されない可能性があるが、そういう材料の品質の問題に関してはどう考えているのか、と。すると、それも余裕の中で吸収される話であり、少しも心配はない、と。

では、地震のことを考えているか、ある日突然予想もしないような大きな地震が近くで起きても、照明装置は落下しないと断言できるか、と。するとS氏は、ふたたび、地震のことは考えていない、なぜならイベント会場が建設されるあたりは歴史的に大きな地震が起きていないところだし、たとえ大きな地震が起きても、もともと十分余裕のある設計になっているから、その余裕の中で吸収される話であり、心配はないと思う……と。今度は少し自信なさげだが、そのように言う。

この仮想問答からすでに明らかだと思うが、新米設計技師S氏の説明は明らかに矛盾している。S氏は、安全率2・5は安全余裕の程度であると言い、100と40の差60は安全余裕以外のなにものでもないと胸を張った。しかしふつう「余裕」と言えば、本来必要ではない余分なもの、を暗示している。S氏も、余裕は一種の贅肉だと言った。実際、電力会社や原発御用学者が、「原発は十分余裕をもって設計されています」と言うとき、その意味は「本当はもっとギリギリに設計することだって可能だったが、住民の〝安全・安心〟のために贅肉をたっぷりつけて設計してある、だから心配無用」ということだろう。

ところが一方でS氏は、腐食の問題、製造加工上の問題、材料の品質の問題、想定外の地震の問題、などを問われると、それらは安全率2・5という余裕の中で吸収できる問題なので少しも心配することはない、などと言う。しかしもしそうであるなら、もはやその余裕は真の余裕ではなく、さまざまな「不確実な要素」を吸収するための見かけの余裕ということにならないか。100と40の差60は、あってもなくてもよい（と言うよりは、ないほうが好ましい）メタボ的贅肉ではなく、いわば「なくてはならない贅肉」、言い換えれば「必要不可欠な安全代《しろ》」、ということにはならないか。

実際、構造設計における安全率とはそういう安全代をとることを目的とするものであり、一般に信じられているのとはちがい、けっして安全余裕の程度を意味していない。

さらにそれどころか、この先詳しく述べるように、安全率が大きい構造物は安全性が高い、ということでさえない。事実はむしろ逆だ。安全率が大きい構造物ほど、その構造物に安全性を脅かす不確実な要素が多く含まれていることを意味する。たとえば、安全率4の構造物と安全率3の構造物。両者のちがいを端的に言えば、安全率4の構造物のほうが安全率3の構造物よりいろんな面で「雑につくられている」ということである。雑にものをつくれば、安全性を脅かす不確実な要素がそのぶん多く紛れ込んでくる。だから安全率を大きくとり――つまり、棒の直径を太くしたり、鋼の厚みを厚くしたりして――危険な要素に備える。安全率とはそういう意味のものだ。

日本には化学プラントとして設計された原発がある！

それでもなお、そんな話は信じられない、とのたまう、焼き栗より固い頭の方のために、分かりやすい実例を一つあげておきたい。

現在日本で稼働している55基の原発の中に、法規的にはなんと化学プラントとして構造設計された特殊な原発が二つあるのをご存じだろうか。日本原子力発電敦賀1号機と、関西電力美浜1号機がそれだ。この二つはわが国初の本格的商業用原発で、大阪万博が開催された一九七〇年、万博に合わせるように運転が開始された。どちらも一九六〇年代半ばに設計されているが、当時、日本には原発の中枢構造物に関する法的な技術基準が存在しなかったため、この二つの原発の中枢構造物はなんと化学プラントの技術基準に準じてつくられているのだ。その化学プラントの安全率はと言えば――専門的な細かい話を除外すれば――4である。つまり、敦賀原発1号機と美浜原発1号機の中枢構造物は、ともに安全率4で設計・製造されている。そして、安全性を厚めの贅肉で確保しようとしているから、敦賀1号機や美浜1号機の原子炉容器や配管は、実は少々ずんぐりむっくり、メタボリックである。では、その後建設された残りの53基の場合はどうだろうか。それらはすべて

「発電用原子力設備の構造等に関する技術基準」*にしたがって安全率3でつくられている。それらは、化学プラントより注意深くつくられているので、そのぶん贅肉が削がれ、全体的にスリムな形をしている（だからといって、けっしてほめているわけではない）。

それはともかく、もしかするとあなたが堅く信じているように、安全率が大きい構造物ほど安全性が高いということなら、日本の原発でもっとも安全な原発は、化学プラントもどきの原発、敦賀1号機と美浜1号機ということになってしまう。あるいは、もっと端的に、安全率4でつくられる化学プラントのほうが安全率3でつくられている原発より安全性が高いという奇妙な結論を認めなければならなくなる。

ちなみに、航空機の安全率は1・5。安全率が大きければ安全性が高いと信じて疑わない頑固な人には、あまりお勧めの乗り物ではない。

3 原発はこんなに「不確実」

不確実さの塊、熱荷重

繰り返せば、安全率が大きい構造物は安全性が高いわけではない。そうではなく、その構造物には安全性を脅かす不確実な要素がそのぶん多く含まれているということだ。先の金属丸棒の構造設

＊通産省告示第501号。一九七〇年に施行され、一九八〇年に大改訂された。二〇〇六年廃止。

計という架空の話では、潮風による腐食、加工上の誤差、材料メーカーの品質管理、そして万一の地震、といったものがそうした不確実要素だった。では、肝心の原発の中枢構造物――たとえば、原子炉容器、蒸気発生器、そして冷却材や蒸気の通り道である各種配管など――の構造設計には、安全性を脅かすどんな不確実な要素が入り込んでいるだろうか。

　原発の場合、まず、構造物の設計に使う荷重（設計荷重）そのものが、実は不確実であることだ。先の金属丸棒の場合、荷重は照明装置の重量一つだけだった。そして照明装置の重量は、それを構成する部品一つひとつの重量を丹念に計算し寄せ集めれば、ほぼ正確に算出できる。それは少しも不確実ではない。しかし原発の場合はそうではない。肝心要《かなめ》の設計荷重それ自体が、実は不確実なのだ。原子炉容器、ノズル[*1]、配管など、原発の重要な構造物[*2]に作用する荷重は、内圧力、自重（構造物自身の重さ）、熱荷重、地震荷重、などだが、このうちと

*1 容器や配管に溶接されている管状の構造物の総称。原子炉容器に冷却材を送り込む「給水ノズル」、原子炉容器から蒸気を取り出す「蒸気出口ノズル」などいろいろなノズルがある。形が複雑なので応力解析が非常に難しいことで有名だ。ひび割れ事故がよく起きる部分でもある（図1-5参照）。

*2 「構造物」と言うと、ビルや船のような大型の構造物をイメージしやすいが、ここでは必ずしもそういう意味でこの言葉を使ってはいない。原子炉建屋から原子炉容器、ノズル、配管、ポンプまで、大きさに関係なく「構造物」である。

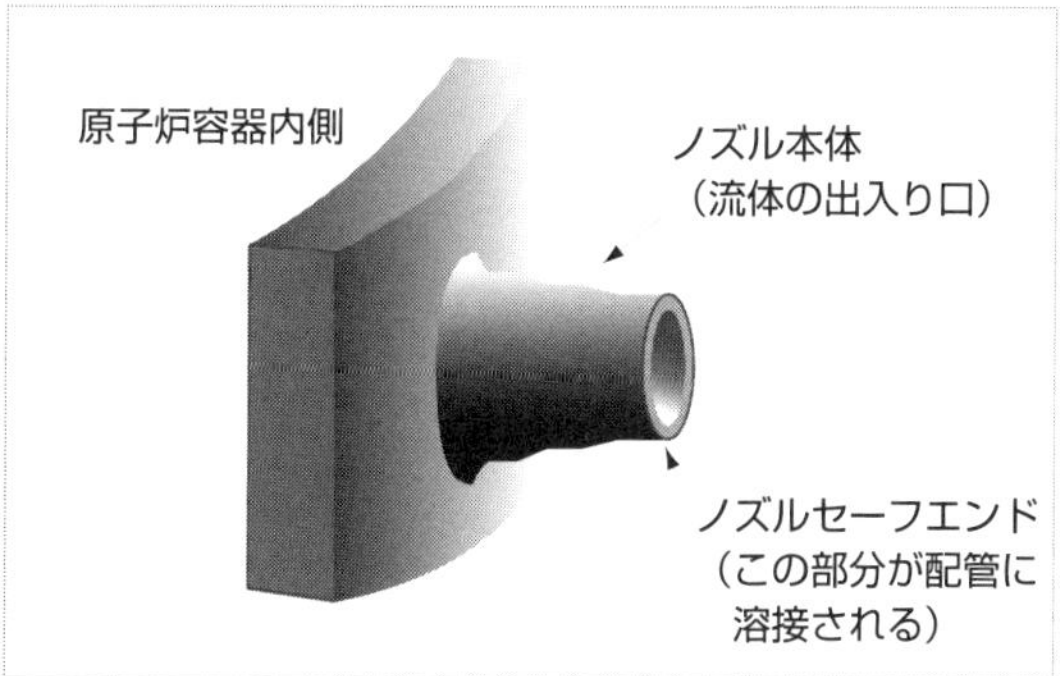

図1-5　ノズル

くに「熱荷重」と「地震荷重」は、以下に述べるように、きわめて不確実な荷重と言っても過言ではない。

まずは熱荷重。熱荷重と言ってぴんとくる人はそう多くないと思うが、具体的には、原発の運転中に構造物に生じる温度差（あるいは温度分布）を熱荷重と言う。たとえば定期検査が終わり、止まっていた原発が起動し始めると、原子炉容器、ノズル、配管などの各部が徐々に暖まっていくが、大雑把に言えば、そのとき原子炉容器やノズルや配管の内面の温度は外面の温度より高い。また原発が停止するときは、それとは正反対のことが起こる。起動時や停止時ほどではないが、通常運転中にも、構造物の各部にはなにがしかの温度差が生じている。このように、運転に伴って構造物に生じるこうした温度分布が熱荷重だ。

熱荷重がなぜ重要かと言えば、それが次のようにして「熱応力*」を生み出すからだ。温度が高い部分は低い部分より大きく伸びようとするが、低い部分がそれをはばもうとするので、伸びたいだけ伸びることができない。つまり、自由な伸びがなにがしか拘束される。こうして、温度の高い部分にはふつう「圧縮」応力が生じる。逆に、温度が低い部分は高い部分から、必要以上に伸びを強いられる。その結果、温度の低い部分にはふつう「引張り」応力が生じる。熱応力が引き起こす日常的な、しかし劇的な出来事は、冷たいガラスのコップに熱湯を一気に注ぐ（あるいは、熱いガラスのコップに冷水を一気に注ぐ）とピシッと音を立てて瞬間的にガラスが割れてしまうあの現象だろう。

＊昔、ある市民勉強会で「応力に、熱い、冷たい、があるのか」と尋ねられたことがある。もちろんそんなことはない。応力の発生原因が「熱荷重」なので「熱応力」と呼ばれる。

コップの内面と外面に突然大きな温度差ができ、そのため大きな熱応力が生じ、ガラスが割れる。このように瞬間的に大きな熱応力を生じさせるような熱荷重はとくに「熱衝撃」と呼ばれている。

ついでに述べておけば、そんな熱衝撃は原発には無関係、と思う人も多いかもしれないが、実はそうではない。大ありである。たとえば、老朽化した加圧水型原発（たとえば、前出の美浜1号機）に関して、専門家が最も恐れているのが「加圧熱衝撃」（Pressurized Thermal Shock、略してＰＴＳ）と言われる現象だ。老朽化した加圧水型原発の原子炉容器は、中性子を大量に被曝し、ひじょうに脆くなっている（これを「中性子照射脆化」と言う。詳しくは次章94ページ参照）。そんな原発になにかトラブルが起き、スリーマイル島原発事故のときのようにＥＣＣＳ（緊急炉心冷却装置）が作動し、高い温度、高い圧力の原子炉容器に冷たい水が一気に注入されれば、強烈な熱衝撃が起こる。これがＰＴＳである。そしてＰＴＳにより、脆化《ぜいか》していた原子炉容器が一気に大破壊を起こす可能性がある。

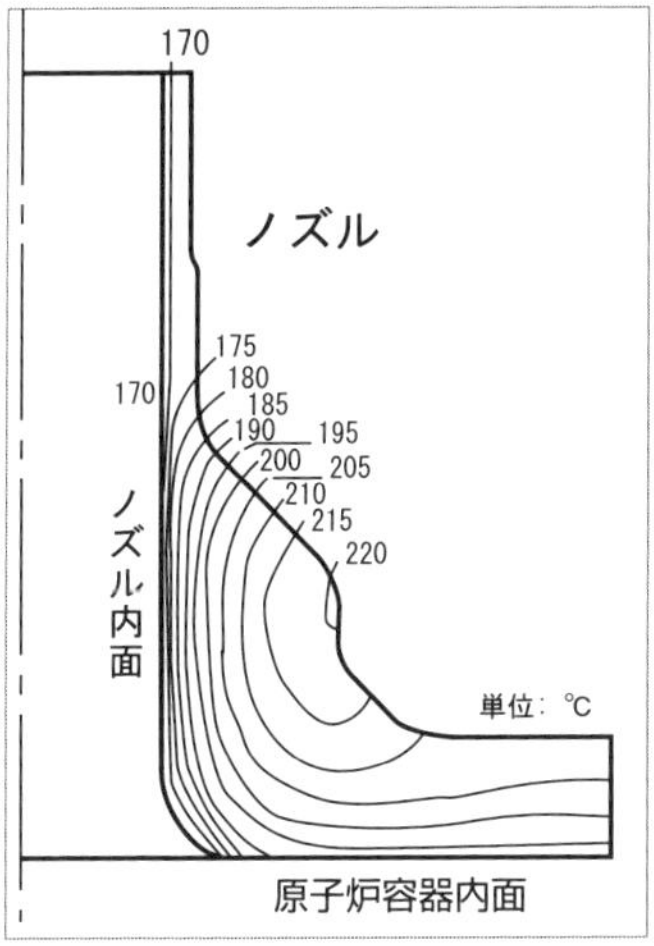

図1-6　ノズルの非定常温度分布

本題に戻ろう。原発における熱荷重とは、起動時、停止時、通常運転時からECCS作動時に至るまで、さまざまな運転状態に伴って構造物中に生じる温度差だ。原発を何年も運転していると、そうした温度差による熱応力が繰り返され、そのため構造物が金属疲労を起こして破損し（これを「熱疲労」という）、そこから冷却材が漏れることがある。そこで構造設計者は、想定されるさまざまな運転状態*一つひとつに対して、原子炉容器やノズルや配管などに時々刻々どのような熱荷重（温度差）が生じるか

表1-1　原発が想定している各種の運転状態

BWRプラント	PWRプラント
（1）運転状態Ⅰ（通常状態）	
イ　起動	イ　起動
ロ　停止	ロ　停止
ハ　出力運転（出力の計画的変化を含む）	ハ　出力運転
ニ　高温待機	ニ　温暖停止運転
ホ　燃料交換	ホ　燃料交換
（2）運転状態Ⅱ（異常状態）	
イ　外部電源喪失	イ　制御棒クラスタ落下および不整合
ロ　給水加熱喪失	ロ　１次冷却材中のほう素の異常希釈
ハ　再循環流量制御系の誤動作	ハ　１次冷却材流量の部分喪失
ニ　再循環ポンプの故障	ニ　１次冷却系停止ループの誤起動
ホ　負荷の喪失	ホ　蒸気負荷の急増
ヘ　主蒸気隔離弁の閉鎖	ヘ　蒸気発生器への過剰給水
ト　給水流量系故障	ト　蒸気発生器への主給水喪失
チ　圧力制御装置故障	チ　外部電源喪失（1、2次系安全弁作動）
リ　全給水流量喪失	リ　１次系の異常な減圧
ヌ　タービントリップ	ヌ　出力運転中の非常用炉心冷却系誤起動
ル　スクラム	ル　負荷喪失
ヲ　逃し安全弁誤作動	ヲ　原子炉トリップ
（3）運転状態Ⅲ（緊急状態）	
イ　起動時における制御棒誤引抜き	イ　未臨界からの制御棒クラスタバンク異常引抜き
ロ　出力運転中における制御棒誤引抜き	ロ　出力運転中の制御棒クラスタバンク異常引抜き
ハ　再循環停止ループ誤起動	ハ　２次冷却系異常減圧
ニ　過大圧力	ニ　１次系冷却材流量喪失事故
ホ　再循環停止ループ仕切弁作動	ホ　主蒸気管小破断事故
	ヘ　１次冷却系細管破断事故
（4）運転状態Ⅳ（損傷状態）	
イ　再循環ポンプ軸固着	イ　１次冷却材ポンプ軸固着事故
ロ　冷却材喪失事故	ロ　主給水管破断事故
ハ　主蒸気管破断事故	ハ　１次冷却材喪失事故
	ニ　主蒸気管破断事故
	ホ　蒸気発生器伝熱管破断事故
	ヘ　制御棒クラスタ飛出し事故

＊原発の運転状態をその内容で分類すると、「通常状態」、「異常状態」、「緊急状態」、「損傷状態」に分類される。詳しくは表1・1を参照。

を理論的に細かく追っていく。この理論計算は、「非定常温度分布解析」と呼ばれている。図1-6はそのようにして得られた熱荷重（温度分布）の例だ。非定常温度分布解析によって構造物に生じる温度差が分かれば、それをもとに熱応力を計算したり、熱疲労の可能性を検討したりすることができる。

非定常温度分布解析は多くの手間を要するので構造設計者の頭痛の種だ。しかしもちろん問題は、それで設計者が頭痛を催すかどうかではない。真の問題は、それほど手間のかかる非定常温度分布解析を行って求めた熱荷重（温度差）が、いったいどれほど正確なのか、そこそこ合っているのか、それとも大きくちがっているのか、そういうことがさっぱり分からないことである。もし理論的に求めた熱荷重が実際の熱荷重とひどくちがっていたら、それをもとに理論的に推定する熱応力の値は全く意味をもたないばかりか、危険でもある。事実、一九七〇年代の前半までに建設された沸騰水型原発――原電敦賀1号、東電福島第一原発1～3号、中国電力島根1号、中部電力浜岡1号――で、まさにそのために、事故やトラブルが相次いだ。原子炉容器に取り付いている給水ノズルや制御棒駆動水戻りノズルというノズルが、「高サイクル熱疲労」によってひび割れを生じ、冷却水漏れの事故などを起こしている。

比較的小さな応力が何万回、何十万回と繰り返されることで材料が最終的に破損してしまう現象を「高サイクル疲労」と言うが、そのときの応力が熱応力である場合、それは「高サイクル熱疲労」と呼ばれる。先の二つのノズルの高サイクル熱疲労の事故やトラブルは、基本的に、ノズルの中で起きている複雑な流体現象を構造設計者が正しく把握できず、そのためノズル本体の熱荷重を大きく誤ったために起きたものだ（給水ノズルに関しては、流体挙動が複雑になるような構造をしていたことが根本的な問題だった）。原発メーカー（東芝や日立）の構造設計者は、それらのノズルが40年以上、高サイクル熱疲労を起こさないことを公式の計算書で示し、行政（当時の通産省資源エネルギー庁）もその計算結果を承認していた。ところが運転開始後わずか二、三年のうちに、それらは相次いで事故やトラブルを起こした。

基準地震動S_1、S_2

次は地震荷重。東海地震の理論的提唱者で、地震大国日本が原発をもっていることに強い危機感を抱いている地震学者・石橋克彦さんは、二〇〇七年夏の中越沖地震のあと柏崎市で開かれた市民勉強会の冒頭、「地震」と「地震動」と「震災」の三つを正しく区別して使う必要があると、おおむね次のように説明されていた――地震とは地下の岩盤が面状にズレ破壊を起こして地震波を放出する自然現象、地震動とは、その地震による近隣地点の大地の揺れ、そして震災とは、その揺れがもたらす社会的現象としての災害。付け加えれば、震災を天災と考える人は多い。しかし石橋さんが言われるように、震災は社会的現象にほかならない。地震や地震動という自然現象をわれわれ人間はどうすることもできないが、震災はそうではない。地震大国日本から原発をなくせば、地獄のごとき「原発震災[*1]」を心配する必要はいっさいない。

たとえば、恐れられている東海地震が起きたとき、はたして浜岡原発は激しい揺れに耐えられるかどうか。その議論の出発点は、浜岡原発が「どんな地震動」を想定してつくられているか、である。日本には現在55基の原発があるが、一九七〇年代後半以降に設計された日本の原発はすべて、七八年九月に原子力安全委員会が公布した旧・耐震設計審査指針[*2]（以下「旧指針」と呼ぶ）というものに規定されている二つの地震動S_1、S_2を前提に、構造設計がなされている。これら二つの地震動を「基準地震動」と言う。

では、基準地震動S_1、S_2とはどんな地震動か。まずそれをきちんと説明しなければならないが、旧指針に記されている説明は専門的で、難しい。かと言って、地震の専門家ではない私の解説では危なっかしい。そこで、ここでは、経済産業省資源エネルギー庁の原子力広報サイト「e - 原子力[*3]」が、一般の人びとに向けて書いている説明文を使うことにする。ただし、これはこれで分かりにくいところがあったので、文の順番を入れ替えるなど、少し手直しをした。前置きをもう一つ。それは、「最強」と「限界」という二つの言葉についてである。ふつう最強と言えばそれ以上強いものはないことを意味している。しかし旧指針においてはそうではない。その上にもう一つ「限界」というのがある！「限界」は「最強」より強し、という不等式を頭に入れて、以下をゆっくり読んでいただ

＊1 地震によって震災と原発災害が同時進行する凄絶な混乱状態を意味する言葉で、石橋克彦さんの造語。
＊2 正しい名称は「発電用原子炉施設に関する耐震設計審査指針」。一九七八年九月に公布されている。二〇〇六年九月に大改定されたので、「旧」という文字をつけた。
＊3 この原稿を書き終えた直後に閉鎖になった。

きたい（傍点は筆者）。

基準地震動S_1

まず、過去の地震や、過去1万年の間に活動した活動性の高い活断層による地震について、それぞれの揺れの周期や強さを評価します。次に、これらをすべて上回るような地震の揺れを、「将来起こりうる最強の地震（設計用最強地震）による揺れ」として設定します。この揺れを、設計用最強地震による基準地震動S_1、と言います（図1-7a）。

基準地震動S_2

まず、過去五万年の間に活動した活断層による最大想定地震と、地震地体構造から考えられる最大の地震につい

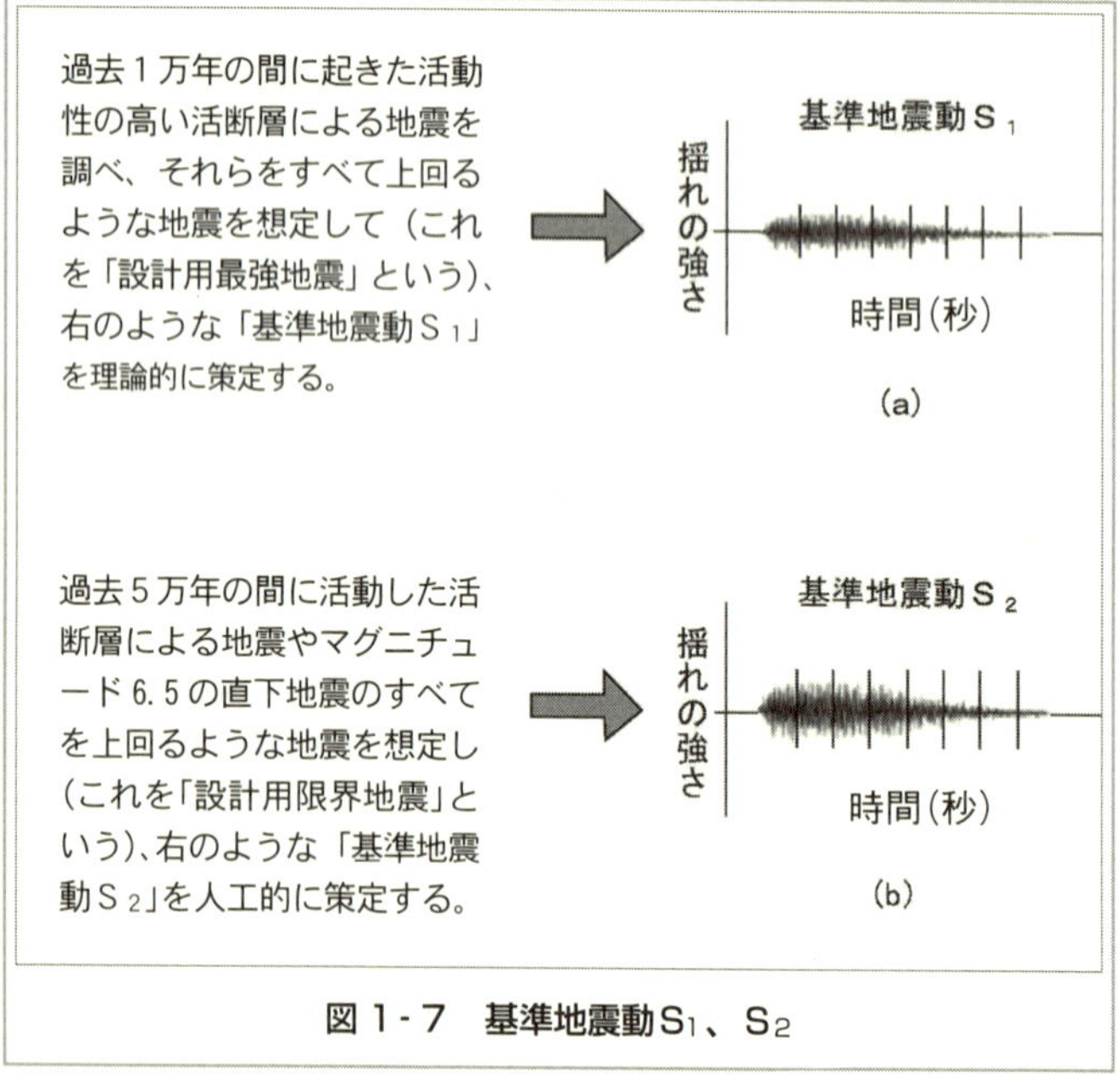

過去1万年の間に起きた活動性の高い活断層による地震を調べ、それらをすべて上回るような地震を想定して（これを「設計用最強地震」という）、右のような「基準地震動S 1」を理論的に策定する。
基準地震動S 1
揺れの強さ
時間（秒）
(a)
過去5万年の間に活動した活断層による地震やマグニチュード6.5の直下地震のすべてを上回るような地震を想定し（これを「設計用限界地震」という）、右のような「基準地震動S 2」を人工的に策定する。
基準地震動S 2
揺れの強さ
時間（秒）
(b)

図1-7 基準地震動S_1、S_2

て、それぞれの揺れの周期や強さを評価します。さらに、直下地震*による地震の揺れも考慮します。次に、これらすべてを上回るような地震の揺れを、「およそ現実的ではないと考えられる限界的な地震（設計用限界地震）による揺れ」として設定します。この揺れを、設計用限界地震による基準地震動S_2、と言います（図1-7b）。

要するに、将来起こる可能性のある最強地震による地震動がS_1、およそ現実的ではない限界的地震による地震動がS_2、である。これをさらに言い換えると、S_1は原発の最長60年の使用期間中に実際に生じる可能性のある最も強い揺れ、S_2はその使用期間中に生じる可能性がほとんどない仮想的な揺れ、である。

壊れなければいい！

ところで、原発の耐震設計では、そもそもなぜこのように強さの異なる二つの地震動を想定しているのだろうか。地震動S_2は地震動S_1より強いのだから、S_2に耐えるように設計すればS_1にも耐えるはずで、わざわざS_1のようなものを想定する必要はないはずだ――この当然の問いに対する答えは、旧指針特有の耐震基準にある。旧指針は、S_1とS_2、それぞれに対して、異なる耐震基準を設けているのだ。ごくごくひらたく言い換えると、将来実際に起こる可能性のある地震動S_1に対しては「それなりに頑丈に」、起こる可能性がほとんどない仮想的に強い地震動S_2に対しては「壊れなければ

＊具体的には、敷地に関係なく、いわば全国一律にM6・5の直下地震を考える。

よし」という、いわばダブルスタンダードを採用しているのである。以下にもう少し正確に書いておく。

まず地震動S_1に対して旧指針は、原発の重要構造物に生じると理論的に推定される応力が材料の降伏応力以下であることを求めている。つまり、地震動S_1によって原発が大きく揺れ動いても、重要構造物の変形は弾性変形の範囲内にあらねばならない、ということである。あるいは、揺れが去ったあと重要構造物は何事もなかったように完全に元の姿・形に戻らねばならない、ということである（22ページの図1‐4参照）。一見、文句の言いようのない耐震基準のようだが、実はかなりぎりぎりの、リスキーな基準であると言わねばならない。なぜなら、理論的応力がずばり材料の降伏応力値になってもよいとしているからだ。

あとで詳しく述べるが、設計者が理論的に推定する応力には、必ずなにがしかの不確かさが含まれる。それは大きいかもしれないし、小さいかもしれない。計算手法によっても、設計者の能力やセンスによっても、それは変わる。計算まちがいということさえある。*理論的に推定される応力とは元来そうしたものであって、誰が計算しても同じ、というものではない。したがって、たとえ理論的に推定される応力が材料の降伏応力以下になるように設計されたとしても、実際にS_1のような揺れが生じた場合、構造物中には材料の降伏応力を超えるような応力が発生するかもしれない。そしてその結果、構造物はゆがむかもしれない。誰もその可能性を否定することはできない。先に、「それなりに頑丈に」と書いたのはそういう理由による。

＊一九八〇年代はじめから最近まで、原発メーカーの日立が行なってきた配管の応力解析には、コンピュータプログラムの欠陥による誤りがあることが最近判明した。

一方、S_2に対する耐震基準はさらにリスキーだ。旧指針は、構造物に生じると理論的に推定される応力が材料の降伏応力をある程度超えること――つまり、構造物がある程度塑性変形する（ゆがむ）こと――を許しているのだ。ある程度とはどの程度か、ということになると、話が非常に専門的かつ煩雑になるのでここでは省くが、22ページの図1‐4でそれを大雑把にイメージしてもらうと、S_2という揺れに対しては、理論的応力がY点を超え、たとえばP点に至ることが許されているのだ。

原発は頑丈につくられていると思っている人は多い。あるいは、巨大地震に対して原発は十分余裕をもって設計されていると信じている人は多い。実際、国や電力会社は、いつもそのように説明してきた。しかし実際はそうではない。将来現実に起こる可能性がある地震動S_1に対してはそれなりに頑丈に設計されてはいるが、起こる可能性がほとんどないS_2というより強烈な揺れに対しては、そうではない。構造物はゆがむ可能性がある。旧指針は、ゆがんでも壊れなければいい、放射性物質をまき散らさなければいい、という考え方を採用しているのだ。S_2に対するこの耐震基準を、原発技術者のための専門書『原子力発電プラントの構造設計』（日刊工業新聞、一九八四）の中（473ページ）で、著者の林喬氏は「こわれないことのチェック」と書いている。とても、原発には十分な安全余裕がある、という話ではない。

しかしなぜそのようなリスキーな基準があえて採用されているのだろうか。答えは単純、コスト優先である。仮想的に強い地震動S_2に対して原発を頑丈につくっていたのでは、構造物が肥大化し

＊中部電力浜岡原発は、想定東海地震を上回るような地震が発生した場合に備え、全5基の原発を対象に「1000ガル補強」なる補強工事を始めた。このようにあとから補強する場合は少し事情が異なるとしても、この補強工事には1基当たり数十億円から100億円の費用がかかるとされている。

て建設コストがかさんでしまう。[*]もともと設計用限界地震のようなものは起きる可能性がほとんどないのだから、そんなものに対してまで原発を頑丈に設計する必要はない。万一そのような地震が起きた日には、ゆがんでもやむなし、壊れなければいい、そういう考え方だ。[*1]

「まさか！　そんな……」――地震荷重はこんなに不確実！

すでに書いたように、基準地震動S_1、S_2は、原発が建設される敷地近辺で起きた過去の地震や活断層などをもとに、理論的に策定される。原子炉建屋、その建屋に収納されている原子炉圧力容器、各種配管、ポンプ、といった重要構造物は、それら二つの基準地震動をもとに耐震性がチェックされる。

一九七八年九月に旧指針が公布されてからかなり長い期間、国が、電力会社が、原発御用学者が、そして原発メーカーの技術者が、旧指針による耐震設計に少なからぬ自信を抱いていた。しかし一九九五年阪神淡路大震災が起き、その自信がゆらぎ始めた。事実、原子力安全委員会は翌九六年から原子力施設の耐震安全性の調査を始め、二〇〇一年には「耐震指針検討分科会」を設置し、旧指針の改訂作業に入った。[*2]そんな中、二〇〇三年五月には三陸南地震（M7・1）で、二〇〇五年八

＊1 ゆがんでもよい、壊れなければいいという考え方はもともとアメリカからきている。日本の原発の重要構造物は実質的にアメリカ機械学会（ＡＳＭＥ）が策定したASME Code Section IIIに準じてつくられてきた。このSection IIIは、荷重内容や発生応力の種類によって応力の評価基準を変えるという設計手法を最初に採用し、注目を浴びた。基本的にはそのASME Code Section IIIの応力評価法を耐震設計に採り入れたものが、日本の旧指針の応力評価法である。

＊2 二〇〇六年九月に新しい「発電用原子炉施設に関する耐震設計審査指針」（新指針）が公布された。

月には宮城県南部地震（M7・2）で、東北電力女川原発が大きく揺れ動いた。そしてどちらの場合も、「応答スペクトル図」[*1]というもので比較すると、特定の周期帯[*2]で、観測された地震動がS_2をも上回っていたことが明らかになった。ついで、二〇〇七年三月、今度は能登半島地震（M6・9）で北陸電力志賀《しか》原発が、これまた大きく揺れ、同様の事態が起きた。

S_2とは、「およそ現実的ではないと考えられる限界的な地震（設計用限界地震）による揺れ」だ。それが女川で、志賀で、こうもあっさり超えられたとなると、S_2を「およそ現実的ではない揺れ」などと呼ぶのは、それこそ現実的ではない。原発の耐震設計が大きな社会問題としてクローズアップされ始めた。危ないのは女川、志賀ばかりではない、日本の原発の耐震設計には根本的に問題があるのではないか、旧指針による地震動の策定は甘かったのではないか、東海地震の想定震源域の只中に建つ浜岡原発は本当に安全か。原発という不安を抱え込む多くの地域住民がそれを問い始めていたまさにその時、新潟県中越沖地震（M6・8）が起き、世界最大の原発基地、東京電力柏崎刈羽原発が大きな損傷を被った。

ところで、これまでS_1、S_2などと書いてきたが、肝心な〝中身の話〟をあまりしてこなかった。図1-8a、bは、S_1、S_2の例である。図の横軸は時間（秒）、縦軸は水平方向の加速度だ[*3]。使われ

＊1 特定の地震動に対して構造物がどのように応答するかを、横軸に構造物の固有周期、縦軸に応答加速度や応答速度をとって示したもの。
＊2 原発の重要構造物の固有周期はおおよそ0・1～0・3秒にある。この周期帯を長周期側にはずれた周期帯でS_2を上回るところがあった。
＊3 ここでは縦軸に加速度をとっているが速度や変位をとることもある。

ている加速度の単位はガル。この図では、S_1の水平方向の加速度の最大値は３００ガル、S_2のそれは４５０ガルになっている（加速度とかガルとかいう言葉に慣れていない読者のために――速度がどのように変化するか、その変化割合を示すものが加速度だ。高いところから静かに物を落とす。手を離れた瞬間のその物体の速度はゼロだが、重力加速度の作用により、１秒後は約９８０cm／秒、２秒後は約１９６０cm／秒、３秒後は約２９４０cm／秒……と毎秒約９８０cm／秒ずつ速度が増していく。そこで「重力加速度（１Ｇ）は約９８０cm／秒^{2}である」と言う。一方、１cm／秒^{2}という加速度を１ガルと呼ぶ。ガルはガリレオ・ガリレイの名からとられている。このガルを使えば、１Ｇは約９８０ガルということになる）。

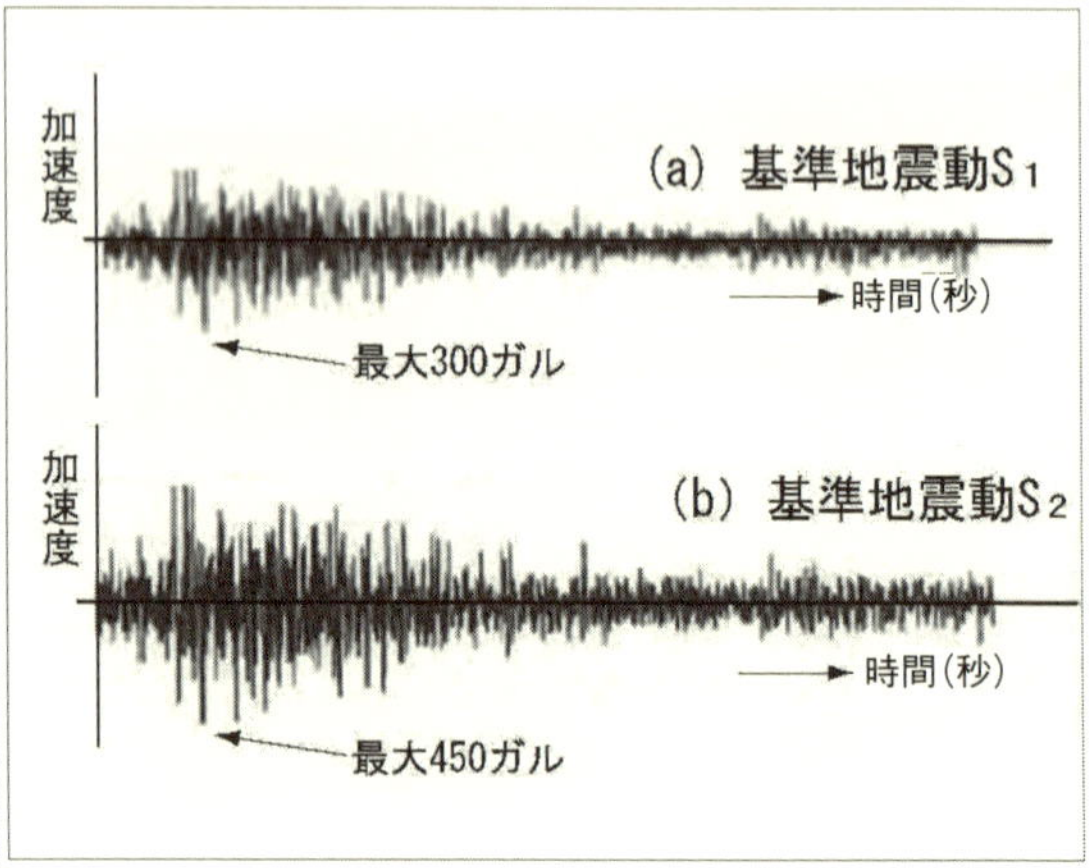

図１-８　柏崎刈羽原発の基準地震動

S_1、S_2はもちろん原発の敷地に対する地震動だが、では敷地のどこの部分の地震動かと言えば、実はどこの部分のものでもなく、〝解放基盤表面〟と呼ばれる一種の仮想表面における地震動である。ここで〝基盤〟とは、第三紀層（約6500万年前〜165万年前）以前の堅固な岩盤のこと。そして、表層もない、構造物もない、大きな高低差もない、水平に大きな広がりをもっている――そんな仮想的な基盤表面を「解放基盤表面」という。

表1‐2は、日本の各原発がどれほどの最大水平加速度を前提に構造設計されているかを示したもの。いずれも解放基盤表面の値である。

近い将来必ず起きるとされている東海地震。その震源域の只中に建つ中部電力浜岡原発に使われた基準地震動の最大水平加速度は450ガル（S_1）と600ガル（S_2）と、他の原発と比べてひときわ大きい。*

当然といえば当然だが、では、東京電力柏崎刈羽原発の構造設計で使われた水平方向の最大加速度はどうかと言えば、300ガル（S_1）、450ガル（S_2）と、さほど大きくはない。しかし……である。あの中越沖地震のとき、1号機の敷地の地下約250メ

表1‐2　日本各地の原発のS_2の最大加速度

北海道電力・泊原発	370
東北電力・女川原発	375
東京電力・福島第一、第二原発	370
東京電力・柏崎刈羽原発	450
中部電力・浜岡原発	600
北陸電力・志賀原発	490
日本原子力発電・東海第二原発	380
日本原子力発電・敦賀原発	532
関西電力・美浜原発	405
関西電力・大飯原発	405
関西電力・高浜原発	370
中国電力・島根原発	456
四国電力・伊方原発	473
九州電力・玄海原発	370
九州電力・川内原発	372

注：1) 上記の数字の単位はすべてガル（Gal）
　　2) これらの数値はすべて建設時に使用されたもの

＊厳密に言えば、浜岡原発1、2号機だけは当初300ガル（S_1）、450ガル（S_2）で設計されている。その後、3〜5号機の設計に使われた基準地震動S_1、S_2を使って「バックチェック」なるものを行い、450ガル（S_1）、600ガル（S_2）でも耐えるとしている。

ートルに設置されていた地盤用の地震計は、993ガルというとてつもなく大きな水平方向加速度を記録した。これを設計時に使った300ガル（S_1）、450ガル（S_2）と単純に比較すると、それぞれ3・3倍、2・2倍にもなる。ただし、この比較、実はあまり意味がない。なぜなら、観測値993ガルは〝解放〟基盤表面での値ではないからだ。地下250メートルでの観測値993ガルを、設計で使った300ガルや450ガルと比較しようと思えば、上を覆う250メートルの表層地盤を理論的に〝はぎとり〟、解放基盤という、いわば同じ土俵の上で比較しなければならない。この解析プロセスを「はぎ取り解析」という。

中越地震から10カ月過ぎた二〇〇八年五月、東京電力はようやくそのはぎ取り解析結果を公表した。そして1号機の場合、解放基盤表面における推定加速度は1699ガルであることを明らかにした。付け加えれば、2～7号機はそれぞれ、1011、1113、1478、766、539、613ガルだった。どれもこれも、設計時に想定していた300ガル（S_1）、450ガル（S_2）をはるかに上回る値だった。それにしても、いったいなんということだろうか。すでに何度も強調しているように、S_1は起こる可能性がある地震動、S_2は「およそ現実的ではない」仮想的な地震動である。中越沖地震では、その〝およそ現実的ではない〟はずの地震動S_2をもはるかにしのぐ強い地震動が柏崎刈羽原発を襲ったのだ。

こんな事態をいったい誰が予想し得ただろうか。おそらく、何十年と原発の耐震設計に携わってきた原発メーカーの耐震設計の専門家でさえ、「まさか……」と唖然としたに違いない。文字どおり、それは〝想定外〟に大きい地震動だった。そんな想定外の地震動にもかかわらず原発震災のような大事に至らなかったのは、すでに書いたように、日本の技術が高かったからではなく、単に運がよかったに過ぎないからだが、今この文脈で最も強調すべきことはそのことではない。理論的に策定された基準地震動がなんといい加減であったか、なんと不確かなものであったか、である。

結局…

とりあえず、ここまでの話をまとめておこう。S氏の丸棒の設計では、照明装置全体の重さが唯一の設計荷重だった。唯一であるだけでなく、それは明確でもある。単純な計算間違いでもしなければ、誰が計算してもほとんど同じ重さが設計荷重として確定する。しかし構造設計における設計荷重は、いつもこのように客観的、確定的なものかと言えば、けっしてそうではない。原発の場合、熱荷重は不確実、そして地震荷重もそうである。

熱荷重。すでに書いたように、いくつかの原発で、給水ノズルや制御棒駆動水戻りノズルが熱疲労損傷を起こした。原因は、構造設計に使った熱荷重がいちじるしく不適切だったからだ。

そして地震荷重。原発の耐震設計に精通している技術者にとって、二〇〇七年七月十六日まで、東海地震の想定震源域に建つ中部電力浜岡原発の設計で使われた水平加速度６００ガル（S_2）と４５０ガル（S_1）は、胸を張れるほど大きかった。地震動S_2を策定する際に考慮しているM６・５の直下地震（41ページ参照）も、そうだった。しかし、中越沖地震によって彼らの自信と常識は一瞬にして崩壊したにちがいない。柏崎刈羽原発1号機の敷地、地下250メートルに設置された地震計はなんと993ガルを記録した。しかも、この値、すでに述べたように、「はぎとり解析」前の値である。原発の重要構造物にかかる地震荷重は、基準地震動S_1、S_2をもとにした地震応答解析（後述）などをとおして理論的に算出される。基準地震動がこれほど不確実であるということは、構造設計に用いる地震荷重も同じように不確実、ということになる。

以上のように、原発の構造設計に用いる設計荷重それ自体が、じつはなにがしか不確実である。その不確実さの程度は、運転中に大きな事故やトラブルを引き起こしかねないほどかもしれない。いや、問題は設計荷重ばかりではない。以下で述べるように、ほかにもいろいろ不確実な要素がある。そして、奇妙なことに、経験豊かな原発の構造設計者はこの事実を十分承知している。では、彼らが、「だから原発は危ない」と思っているかというと――ここは人により意見の分かれるところだが――必ずしもそうではない。それはなぜだろうか。まさにここに安全率が登場する。

原発の場合、原子炉容器や主配管などの重要構造物は基本的に安全率3で設計されている。さまざまな不確実な要素を吸収してくれるであろう、3という安全率があるからこそ、原発の構造設計が可能なのだ。安全率3は、構造物に一見すると不要な〝贅肉〟を授ける。しかし経験豊かな設計者にとって、それはけっして〝贅肉〟でも〝余裕〟でもない。それは、けっして削《そ》ぐことのできない贅肉、必要不可欠な安全代、である。彼らにとって、それなしに構造設計など不可能である。実際、もしその安全代をすべて削ぎ落としたら、大事故が頻発することは、長い構造設計の歴史に照らし、自明である。

モデル化という問題

熱荷重と地震荷重だけが、原発の構造設計における不確実な要素というわけではない。ほかにもたくさんある。その一つが理論計算のための「モデル化」。一、二、三、紹介しておこう。

たとえば、原子炉をはじめとする原発の重要な構造物の多くは、原子炉建屋の中に収納されている。その原子炉建屋が地盤と相互作用しながら、たとえば水平方向の地震動に対してどのように応答するかを知るために、設計者は、建屋と地盤をモデル化して「地震応答解析」というものを行っている。そのモデルは「地盤――建屋連成モデル」などと呼ばれている。

原子炉建屋は複数の「質点」（質量をもつが、大きさのない点）と、それらを連結する「曲げせん断棒」で表現される。一方、地盤は多数の「バネ」で表現される。また原子炉建屋の底には「地盤回転バネ」を置く。ちなみに、このような「バネ―質点モデル」の下端にいきなり基準地震動S_1やS_2を入力するわけではない。なぜなら、すでに書いたようにS_1、S_2は解放基盤表面における地震動であるからだ。そこで設計者は、たとえば「一次元波動理論」を使って、解放基盤表面における地震動S_1、S_2が計算モデルの下端でどのようになるかを計算し、入力地震動を決めている。

このようなモデルを使って地震応答解析を行えば、原子炉建屋そのものの耐震性を検討できるだけでなく、原子炉建屋各階の床が時間的にどのように応答するか——これを「時刻歴応答」と言う——も推定できる。詳しい話は省くが、床の時刻歴応答が分かると、床に設置されている重要な機器（配管、タンク、ポンプなど）に、最大どのような大きさの力が作用するかを、「床応答スペクトル」というものを作成することで、算定することができる。

一方、図1-9は、沸騰水型原発の原子炉容器に溶接されている「再循環入口ノズル」の各部に

この図にあるように、構造物の形状を三角形や四角形の要素に分割して近似させて応力解析を行う。大きな応力が生じそうなところや応力が集中しそうなところは、細かい要素に分割して解析を行う。ノズルは「軸対象回転体」として扱われ、断面を要素に分割して、解析されることが多い。

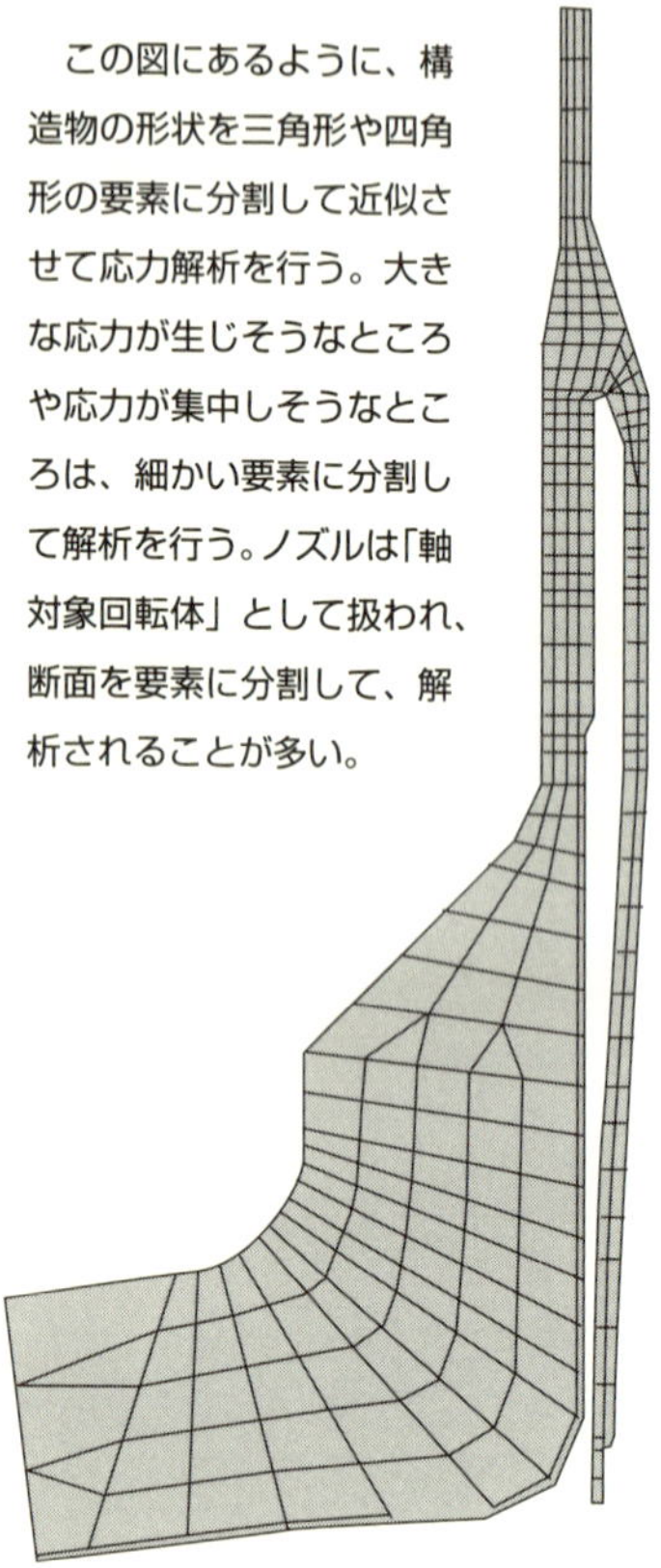

図1-9　有限要素法によるモデル化の例

この分割図は『原子力発電所耐震設計技術指針』JEAG4601（日本電気協会）を参考にした。

どのような応力が生じるかを検討するための「有限要素法」による応力解析モデルだ。ちなみに、沸騰水型の原子炉容器にはこのノズルのほか、給水ノズル、蒸気出口ノズル、炉心スプレイノズルなど、多くの種類のノズルが溶接されている。有限要素法による応力解析というのは、三角形や四角形の要素をいくつも使って構造物の形状に近似させ、構造物に生じる応力やひずみを求める方法だ。コンピュータの演算速度が遅く記憶容量が小さかった一昔前は、この図のような「二次元」の有限要素法が多く使われたが、今日は、四面体や六面体を使う「三次元有限要素法」も使われる。

このように、なにか複雑な計算をする場合、たいてい「モデル化」が必要になる。しかしそのモデル化が適切でなかったら、結果は悲惨だ。だから、たとえば先に述べた「バネ――質点モデル」による地震応答解析の場合、建屋や地盤に関する多くの種類の定数*の値を一つひとつ慎重に決定していかなければならない。それらは可能なかぎり現実に合ったものでなければならない。中でも、建屋や地盤の「減衰定数」は重要だ。建物が時間的に長く大きく揺れるかどうかはこの減衰定数の値次第だ。言葉を換えれば、設計者の〝さじ加減〟でどうにでもなってしまうということだ。大きい減衰定数を使えば揺れは抑制される。この減衰定数が問題になるのは、地震応答解析のときばかりではない。すぐ前に書いたように、配管やポンプなどに加わる力は、床応答スペクトルを作成して算定するが、床応答スペクトルも、どんな値の減衰定数を使うかで大きく変わる。

構造物の振動現象が時間とともに減衰するのは、振動エネルギーが構造部材（鉄やコンクリート）

＊たとえば、地盤と関わる定数には、せん断波速度、単位体積重量、ポアソン比、せん断弾性係数、剛性低下率、ヤング係数、減衰定数、といったものがある。

の分子摩擦や、他の物体（たとえば配管の場合なら、支持装置や保温材など）との摩擦やガタなどで消費されるからだが、減衰定数を理論的に引き出すことは、実質的に不可能だ。そこで、その値はたいてい類似の構造の実験データなどをもとに決定されている。

有限要素法による応力解析も、結果はモデル化次第だ。構造物が、内圧や地震荷重といった外力を受ける場合、形状がなめらかでない部分（これを「不連続部」と言う）に大きな応力が発生することが多い。一方、熱応力の場合は、急激な温度分布が生じている部分に大きな熱応力が発生する。設計者はこうした事情を考えながら、構造物を三角形や四角形の要素に分割していくが、その要素の数や細かさが適切でない場合、肝心な最大応力を逃してしまうこともあり得る。地震応答解析の場合もそうだが、有限要素法による応力解析の場合もまた、結果は設計者の経験や勘やセンスといったものに大きく左右される。また有限要素法による応力解析は、本質的に近似解であって、厳密解ではない。

専門家から、「発生応力は○○である」などと言われると、われわれはついそれが絶対的に正しいように思ってしまうが、けっしてそういうものではない。原発の構造物はS氏が設計した丸棒とはちがう。照明器具を吊り下げる丸棒に発生する応力の値は誰が計算しても同じだが、原発の構造物の場合、そうはならない。「誰が計算したか」、「どのようにモデル化したか」によって結果が変わる。したがって、得られた応力解析は、あくまで〝目安〟でしかない。あとで触れるが、構造設計者はけっして「真の応力」を求めようとしているわけではない。彼らは、いわば、なにがしかの不確実さを有する応力シミュレーションをしているに過ぎない。

精魂込めて計算しても

構造設計者が高性能のコンピュータをフルに使い精魂込めて地震応答解析や応力解析を行っても、製造される構造物の「品質」が悪ければ、構造設計者の努力は意味を失う。

品質に関しては、まず、工場で製造されたもの、あるいは現地で組み立てられたものが、設計者が計算書や図面で指示したとおりの材質、形状、寸法であるかどうか、という基本的な問題がある。本当にそんなことが問題になるのかと思う人もいるだろうが、工場における製造時のトラブル、現地での組み立て時のトラブルの多くが、材質や形状や寸法に関することだ。典型的な例を二つ。東電福島第一原発4号機用の原子炉圧力容器は、「最終焼鈍」と呼ばれる製造最終段階の熱処理のあと、設計寸法を大きく逸脱して変形した（この変形は違法な作業によって秘密裏に矯正された）*。私が記憶しているもう一つの例。沸騰水型原発の原子炉容器の底には制御棒が通り抜けるための孔（制御棒貫通孔）が多数あいているが、ある原発用の原子炉容器の製造過程で、孔の周辺を作業者がグラインダーで削りすぎて大騒ぎになったことがあった（この問題がどのように処理されたかに関しては、私が直接関与しなかったので、問題を社会に提起するだけ十分正確には記憶していない）。

あるいは、「溶接」という問題。原発の重要構造物は多数の溶接線を有している。たとえば、少

＊これに関しては、拙著『原発はなぜ危険か』（岩波新書、一九九〇）に詳しく書いた。

し古めの原発の原子炉容器には、太い溶接線が何本も走っている。また、主給水管や主蒸気管をはじめとするいくつもの重要な配管が、原子炉容器に溶接されているノズルに、これまた溶接によって接合している。長い配管も、ところどころで溶接されている。総延長何百メートルにもなるであろう、そうした溶接線のどこかに、もし小さなひび割れが潜んでいたら大変だ。潜んでいるひび割れが非常に大きければ、力(水圧)をかけたとたん、耐えきれずにそこから破断するかもしれない。いや、たとえ小さくても、何年か運転しているうちに金属疲労によってそれが拡大して冷却材漏れを起こしたり、最悪の場合は、「加圧熱衝撃」(PTS、35ページ参照)により、そこから一気に原子炉容器が大破壊を起こしたりしないともかぎらない。原発の構造物の多くは、他に例をみないような分厚い鋼でできているので、その溶接にはとくに高い経験と知識と技術が必要だ。また、本当にうまく溶接されたかどうか、放射線透過検査や超音波探傷検査をはじめとする「非破壊検査」を行って、注意深く検査する必要がある。

あるいは、使用する金属材料の問題。原発の構造物の多くは鋼だが、一口に鋼と言っても、炭素鋼から低合金鋼やステンレス鋼までいろいろあるし、そのそれぞれにまた多くの種類がある。また鋼以外の金属材料が使われることもある。こうした金属材料は、構造設計が前提としている強度(引張り強さ、降伏応力、破壊靭性、など)や特性を有していなければならない。また原発の場合、構造部材の選択にはとくに十分注意しなければならない。なぜなら、ノズルや配管などの「ステンレス鋼の応力腐食割れ」と、原子炉容器用材の「中性子照射脆化」という経年劣化の問題があるからだ。

以上は構造物の品質と関わる話だが、原発の場合、当然、構造物の品質は高いレベルで実現されねばならないから、関係法規には製造や検査などに関していろいろ細かく規定されている。また当然、電力会社独自の要求や、原発メーカーや材料メーカー独自の内規もある。

とくに強調しておきたいことは、設計者が詳細な構造解析を行うことと、製造現場や建設現場の技術者が構造物の品質を高いレベルで実現しようとすることは表裏一体の作業であるということ。どちらか一方をおろそかにすると、他方の意味が完全に失われる。

なぜ化学プラントの安全率は4で、原発は3か

長距離電車の車窓からなんとなく目を外に向けていると、ピカピカと陽光を反射する銀色の細長い塔や配管からなる化学プラントが目に飛び込んでくることがある。一口に化学プラントと言っても、合成繊維や合成樹脂をつくる石油化学プラントから石油精製プラントまで種類はいろいろだが、圧力容器、ノズル、配管、弁（バルブ）、ポンプなど、原発に見られる構造物の多くがそれら化学プラントにも見られる。原発は、基本的には、化学プラントや火力発電用ボイラーで長く培われてきたさまざまな技術をもとにつくられている。しかし化学プラントの安全率は4、原発のそれは3である。この事実はすでに述べた。では、なぜ化学プラントの安全率は大きく、原発のそれは小さいのか？　これまで長々と述べてきた話のまとめとして、それについてざっと書いておきたい。

まず化学プラントの場合、原発とはちがい、何か特別な理由でもないかぎり、理論的な構造設計というものを行わない。関連法規がそれを求めていないからだ。化学プラントの設計者は、歴史的、経験的に定められた「簡単な式」を使いながら、構造物の材質や寸法をきめていく。[*1] 繰り返せば、コンピュータを回し構造物の詳細な応力解析をするようなことはしない。[*2] したがって化学プラントの場合、運転中に構造物のどこにどのぐらいの応力が発生していそうか、実は誰もよく把握してはいない。そういう意味では――つまり、構造強度的な意味では――化学プラントはかなり〝アバウト〟に設計されていると言ってよい。そして構造強度的にアバウトであるということは、化学プラントには、(原発に比べて)安全性を脅かす不確実な要素が多く含まれていることを意味する。

このように、化学プラントの場合、構造設計的にアバウトだから、材料、溶接、製造、検査、などに関する法的要求も、やはり〝それなり〟で、原発のように厳しくはない。構造設計がアバウトなのに、こちらをむやみに厳しくしても構造設計的にはバランスが悪く、あまり意味がないから、これは現実的である。

以上から、総じて化学プラントにはその安全性を脅かす不確実な要素が(原発に比べて)多く存在する。だから化学プラントは、歴史的、伝統的に4という安全率を採用してきた。皆無ではないとしても滅多に大事故が起きないという現実を考えれば、安全率4を採用していることは工学的に

＊1 このような設計手法をDesign By Formulaと言う。日本語では「規格式による設計」とか「公式による設計」などと訳されている。コンピュータが存在しなかった時代はこのような簡便な設計法が必要でもあり、また有用でもあった。
＊2 例外もある。アメリカ機械学会の規格ASME Code Section Ⅷ Division 2を適用して化学プラントを建てる場合は、原発の場合同様、詳細な応力解析を行うことが求められる。

は妥当なのだろう。もし設計方法や製造方法はそのままに、安全率だけを4から3に下げれば、化学プラントの事故は大幅に増えるはずだ。

一方、化学プラントの安全率が4であるのに対して原発の安全率が3であるのは、設計に詳細な応力解析を採り入れて構造設計の質を向上させ[*1]、さらに、材料、溶接、製造、検査などに関しても厳しい要求を付帯させることで、安全性に関わる不確実な要素を化学プラントより少なくしているからにほかならない。しかしそれでも、4から3に「1」落とすのが精一杯だ。なぜなら――すでに詳しく書いたように――それでもなお不確実な要素をいろいろ抱えているからだ。実際、仮に完全率を3から2に落とせば、原発の事故やトラブルが頻発し、それればかりか大惨事さえ起きるかもしれない。以上、安全率とは、けっして〝安全余裕〟の程度を示しているのではなく、安全性を脅かす不確実な要素に備えるためのもの、必要不可欠な安全代を確保するためのもの、ということが分かっていただけたかと思う。

4 「三つの安全余裕」のでたらめぶり

六ヶ所村ラプソディ

「最近劇場公開されている映画の『六ヶ所村ラプソディ』という映画[*2]で、インタビューで出演さ

*1 このような設計手法を Design By Analysis(「解析による設計」)と言い、先述の Design By Formula と区別している。
*2 鎌仲ひとみ監督による二〇〇六年三月完成のドキュメンタリー映画。

れていますが……」

「そうらしいですね。私のところにインタビューにきたんですが、私、見ていないですが……」

「まだご覧になっていませんか？」

「映画自体は見ていません」

「この中で先生がなかなか興味深いことを仰られているんですが。『原子力発電に対して安心する日なんかきませんよ、せめて信頼してほしいと思いますけど、安心なんかできるわけないじゃないですか、あんな不気味なもの』と言われているんですが、発言されたことは覚えていますか？」

「そういう意味です。あんな不気味なコンクリート構造物を見て、心安らかになる人はいないと思います。だからこそみんなが、これは危険だと考え、したがって真剣に取り組む、だから安全が得られるんであって、私は安全こそがすべてであって、安心を求めるのはよくないと思っています」

「不気味というのは、どういう意味ですか？」

「やっぱり私、緑豊かな森が大好きです。そんな中で、私、風車も本当は不気味ですけれども、とくにああいうコンクリートの巨大な真四角の建物なんていうのは嫌いです。どんなふうに色を塗られても、嫌いは嫌いです」*


これは二〇〇七年二月十六日、浜岡原発裁判での、被告・中部電力側証人と原告側弁護人とのやりとりの一部だ。質《ただ》しているのは海渡雄一弁護士、答えているのは班目春樹・東京大学大学院工学系研究科原子力専攻教授である。

*証人調書による。ただし、一部漢字を平仮名にしている。

三つの安全余裕

その日、私は午後から中部電力側の弁護士から反対尋問を受けることになっていた。午前中、傍聴席の3列目に座り、目の前3メートルで展開されている班目証人と海渡弁護士のやりとりを傍聴していた。

班目氏が原発の安全性に関してどういう研究をし、どういう貢献をしてきたのか、よく知らない。彼は3年ほど東芝で仕事をしていたらしいが、そこで何をしていたのか、原発構造物の設計実務をしたことがあるのかどうか、知らない。原発の重要構造物の設計を担当したものの、発生応力を材料の許容応力内に収めることができず、しかしものはすでに工場で形をなしつつあり、したがっていまさら「もちません」とも言い出せず、人知れず眠れないほど悩んだことがあったのかどうか、私は知らない。

知らないが、彼は原子力発電なんて「安心できるわけない」と言った。原発の建物を見て心が安らかになる人はいない、とも言った。「緑豊かな森が好き」であり、ああいうコンクリートの巨大な真四角の建物なんて不気味で嫌いだと言った。ラジカルエコロジストや反原発運動家が思わず手をたたいて喜びそうな台詞をすらすらと並べながら、しかし不思議なことに、彼はばりばりの原発推進派学者である。原発関係のさまざまな公的委員会の委員や委員長を務め、そしていまは、東電柏崎刈羽原発の運転再開を目論む原子力安全保安院の「中越沖地震における原子力施設に関する調査・対策委員会」の委員長職にある、ばりばりの原発御用学者である。

「安全こそすべてであり、安心を求めるのはよくない」などと彼は言う。いったいどういう意味か。（専門家が言う）安全こそすべてであり、（素人がやみくもに）安心を求めることはよくない、ということなのか。専門家が安全と言ったら素人はただそれを信ぜよ、安心、安心とダダをこねるな、信ずれば、安心は求めずともおのずと得られる、ということか。彼は浜岡原発裁判で、あるいは中越沖地震で被災した柏崎刈羽原発に関するシンポジウムで、原発には「三つの余裕」があるから安全だと、まるで余裕教のエバンジェリストのごとくに、余裕論の伝道にこれ努めている。彼が言う三つの余裕とは何か。以下の（ア）～（ウ）である。彼が裁判所に提出した「陳述書」にしたがって、それがまっとうなものかどうか、一つずつ検討してみる。

（ア）発生応力の算定における余裕
（イ）発生応力が許容応力に対して有する余裕
（ウ）許容応力の設定における余裕

あるべくもない話

まず（ア）の余裕から。これについて班目氏は、「実際の地震（動）によって発生する真の応力に対して、発生応力を大き目に算定することにより生じる余裕のことである」、などと説明している［（　）と傍点は筆者による］。マダラメさん、あなたは本当に原発の安全性について論じる資格をもつ専門家ですか？　と思わず問いたくなるほどの、これは荒唐無稽な話だ。

前に詳しく書いたように、構造設計者は、基準地震動S_1、S_2によって、原発の重要構造物（原子炉建屋、一次格納容器、原子炉容器、内部構造物、配管、ノズル、ポンプなど）にどのような応力が発生するかを、理論的に算定している。しかし理論的に算定されるその応力が――班目氏が言うように――「実際の地震（動）によって発生する真の応力」より「大き目に算定」される必然性など、どこにもない。なぜなら、大き目に算定されるか、小さ目に算定されるかは、基準地震動S_1、S_2次第であるからだ。

旧指針に基づいて策定した基準地震動が絶対的に適切で、将来起こるどんな地震動よりも大きいことが証明できるなら、（ア）のようなことが言えなくもない。しかし基準地震動の絶対的な適切さを証明することは論理的に不可能だ。逆に、ある日、基準地震動を上回るような地震動が一度でも起きたら、基準地震動は不適切だったことになる。そしてそのような場合、班目氏の言う「真の応力」は、当然、算定応力より大きくなる可能性が高いから、（ア）は否定される。

実際、すでに書いたように、そういう憂慮すべき事態が二〇〇三年五月と二〇〇五年八月に東北電力女川原発で、二〇〇七年三月には北陸電力志賀原発で、現実に起きている。そしていわばとどめの一撃が二〇〇七年七月の新潟県中越沖地震だった。この地震によって、柏崎刈羽原発は、設計時に使用した基準地震動S_1はおろか、S_2をもはるかに上回る強烈な地震動に見舞われた。それによっていったいどれほど大きな応力が発生したのか、その応力は許容応力を上回らなかったか、その応力によって重要な構造物が塑性変形を起こしゆがまなかったか。そうしたことが分からないからこそ、7基の柏崎刈羽原発が今なお立ち上がれないでいるのだ。〝余裕〟どころの話ではない。「中越沖地震における原子力施設に関する調査・対策委員会」の委員長が、（ア）を主張する班目氏であるというのは、実に皮肉なことと言わねばならない。

禁断の野原

（イ）を後に回して、（ウ）について考えてみよう。班目氏は、これについて次のように説明している。「JEAG4601では、運転状態やさまざまな荷重の組み合わせを考慮し、この荷重に対して機器が破損を引き起こすことのないように余裕を持たせて許容応力が決められます。これが許容応力の設定における余裕です」（陳述書から。文面通り）。少々長くて分かりにくい文をまとめれば、要するに氏は、許容応力そのものに〝余裕〟が込められている、と言っているのだ。

私は、すでに大量の文字を動員して「安全率」の意味を説明した。安全率は、安全性を脅かすさまざまな不確実な要素に対するものであって、けっして「余裕」をとるためのものではないことを、繰り返し強調した。安全率が大きければ、そのぶん、安全性を脅かす不確実な要素が多いことを意味している。しかし、一般にはこのことがほとんど理解されていない。安全率が大きければ、それだけ余裕があり、安全性が高いと信じている人がほとんどだ。

許容応力は、材料の引張り強さ（引張り試験で材料が実際に破断または破損する応力。22ページ図1-4参照）を安全率で割ったものだ（27ページ、②式参照）。だから、材料の引張り強さと許容応力の差は「安全余裕」のように思えてしまう。そして実際、それを班目氏は、「許容応力の設定における余裕です」と主張しているのだ。しかし、それならばふたたび、安全率4の化学プラントのほうが、安全率3の原発より、大きな安全余裕を備えているという、これまた奇妙な結論が導かれてしまう。*

構造設計者が絶対に守らねばならないことは、理論的な応力解析によって算定される「発生応力」が、関連法規に規定されている「材料の許容応力」を絶対に超えないようにすることだ。許容応力がどのようにして設定されているか、その背景を問うことはしない。まっとうな構造設計者であれば、材料の引張り強さと許容応力との〝はざま〟に構造物の安全性を委ねるようなことはけっしてしない。なぜなら、それは基本的に〝違法〟であるからだ。

もちろん構造設計者は、理論的に推定される発生応力が材料の許容応力を超えたら直ちに物が破壊する、などとは思ってはいないが、それを超えることはリスキーであることもよく承知している。そのあたりをイメージ的に言えば、構造設計者にとって許容応力とは、「これより先、未撤去地雷多し。立ち入り厳禁」という立て看板みたいなものだろう。もちろんその看板より手前にいても、地雷を踏む可能性はゼロではない（つまり、理論的な発生応力が許容応力以下でも物が破損することはある）。しかし実際には（確率的には）そう気にすることはない。しかしその看板を越えると、そうではない。越えれば越えるほど、看板を越えて遠くへ進めば進むほど、埋設地雷を踏む確率は高くなっていく。

＊たとえば、引っ張り強さが90である材料の場合、安全率4の化学プラントの場合は許容応力が22・5になるから「安全余裕」は67・5、一方、安全率3の原発の場合は許容応力が30になるので「安全余裕」は60となり、化学プラントのほうが〝安全余裕〟が多くなってしまう。

このイメージで言えば、（ウ）で班目氏は、立て看板の向こうを、目に見えぬ埋設地雷が徐々に数を増していく野原をあえて指さしながら、看板を少々乗り越えても実際には大丈夫、すぐに地雷を踏むことはありません、と強調しているようなものだ。「安全こそすべて、安心を求めるのはよくない」と言う班目氏。明らかに、目を向けている方向が180度ちがっている。

一方、立て看板の向こうに〝余裕〟があると信じ、看板を乗り越え、禁断の野原に入った人物もいた。耐震偽装事件を引き起こしたA元一級建築士である。彼は裁かれ、耐震性が不十分として、多くのマンションやホテルが壊されたり、建て替えられたりした。しかしもし、許容応力の設定に余裕があるという班目氏の主張が工学的に正当であるなら、同じ論理で、マンションやホテルを建て直すこともなかった。同じ禁断の野原に目を向けながら、かたや裁かれ、かたや原発御用学者として立場が強化される。とてつもなく理不尽な話だ。

（注＝班目氏の説明中に登場するJEAG4601というのは、日本の原発の耐震設計者が、旧指針にしたがって耐震設計を行うときに参照する民間の技術指針『原子力発電所耐震設計技術指針』（日本電気協会）である。この技術指針の中に、構造物の種別、荷重の種類、材料の種類、発生応力の種類、などに応じて許容応力の算出法が示されているが、これに関して一つ付け加えておけば、それらは必ずしも、これまで述べてきたような、引張り応力の値を安全率3で割ったものではない。場合場合で、安全率をいろいろに変えている。本書は専門家向けのものではないので、話が煩雑になることを避け、安全率に関しては最も基本的な3を使って話を進めた）。

「安全余裕」がないわけではない

前出の（ア）〜（ウ）によって、原発の機器は「全体として大きな安全余裕を有します」と、班目氏は陳述書に書いている。私がなんとしても同意できないのは、大きな安全余裕を有している、という点だ。ここでとくに強調しておきたいのは、私は一言も、原発に安全余裕がないとは言っていないということ。当然、原発にも〝なにがしかの〟安全余裕はある。問題はその〝中身〟だ。

安全余裕を論じるとき、一つの重要な前提が必要だ。それは、その議論が法的根拠をもっているかどうか、である。「実際にはもっと余裕があるだろう」といった、推測による実際論はすべて除外されなければならない。なぜなら、そういう種類の安全余裕は定量的に示すことが不可能であるだけでなく、法的にも根拠がないからだ。科学的にも法的にも根拠がないそのような安全余裕論は、学者、研究者の興味の対象とはなっても、われわれ一般大衆の原発に対する不安を払拭するものにはなり得ない。ふたたび取り上げるなら、耐震偽装事件で〝強度不足〟を宣言されたマンションやホテル。強度不足とはどういうことかと言えば、法律が求めている耐震強度が確保されていない、という意味だ。では、たとえば50パーセントの耐震強度しかないマンションが〝本当〟に地震がきたときに倒壊するのか、と言えば、それはまた別の話である。もしかすると、実際にはいろいろ余裕があるので倒壊しないかもしれない。しかしいくらそう言っても、居住者の不安が解消されるものではない。

では、法的に根拠をもつ安全余裕とはどういうものか。それは、法的に定められている材料の許容応力と、構造設計者が詳細な応力解析によって理論的に推定している応力との差、である。それは、設計技術者が社会に対して責任をもって量的に提示できる唯一の安全余裕である。たとえば――以下に記す数字そのものには意味がないが――許容応力が１００で、推定応力が70であれば、その差30が安全余裕である。

取り上げるのが遅くなったが、そしてこれが、班目氏が（イ）で主張している「発生応力が許容応力に対して有する余裕」でもある。これに関してのみ、異存はない。

「私にはよく分かりません」

二〇〇七年七月の中越沖地震から一年を過ぎたいまも、東電・柏崎刈羽原子力発電所の7基の原発は止まったままだ。運転再開は可能か、それとも閉鎖か。それを最終的に判断するのが、原子力安全・保安院が設置した「中越沖地震における原子力施設に関する調査・対策委員会*」であり、その委員会の総責任者が班目春樹委員長だ。

一方、新潟県には以前から「新潟県原子力発電所の安全管理に関する技術委員会」（以後「技術委員会」と略す）というものがあるが、運転再開の目処が立たない柏崎刈羽原発問題を検討するため、二〇〇八年初め、この委員会の下に二つの小委員会が設置された。一つは、「設備健全性・耐震安全性に関する小委員会」、もう一つは「地震、地質・地盤に関する小委員会」だ。

＊新潟県中越沖地震から10日後の二〇〇七年七月二十六日に経済産業省原子力安全・保安院が「総合資源エネルギー調査会原子力安全・保安部会」の下に設置した委員会。地元自治体（新潟県・柏崎市・刈羽村）からの委員を除けば、原発推進に積極的ないしは好意的な〝有識者〟だけで構成されている。

二〇〇八年五月十二日、「設備健全性・耐震安全性に関する小委員会」は三人の元原発設計技師を小委員会に招いて、原発の重要機器の設計思想などについて話を聞いた。最初に説明したのは、数年前、日立製作所の原子力部門から日本原子力研究開発機構の研究所長へと〝天上がり〟した、小山田修氏だった。彼はアメリカの「プロフェッショナル・エンジニア」の資格をもつ、切れ者の元原発設計技師だ。

　その小山田氏の説明のあと、黒田光太郎委員（名古屋大学教授）が次のように質問した。「この図は原子力学会の去年の報告会で東大の班目先生が使われた図で、設計余裕が30倍くらいあるとも、そのとき発言されています。いかがお考えですか?」

　原子力学会で「班目先生が使われた図」とは何か。図1-10がそれだ。じつはこれこそ、すでに詳しく説明した班目氏の「三つの安全余裕」の図式バージョンである。浜岡原発裁判で氏は図を使わなかったが、中越沖地震以後、講

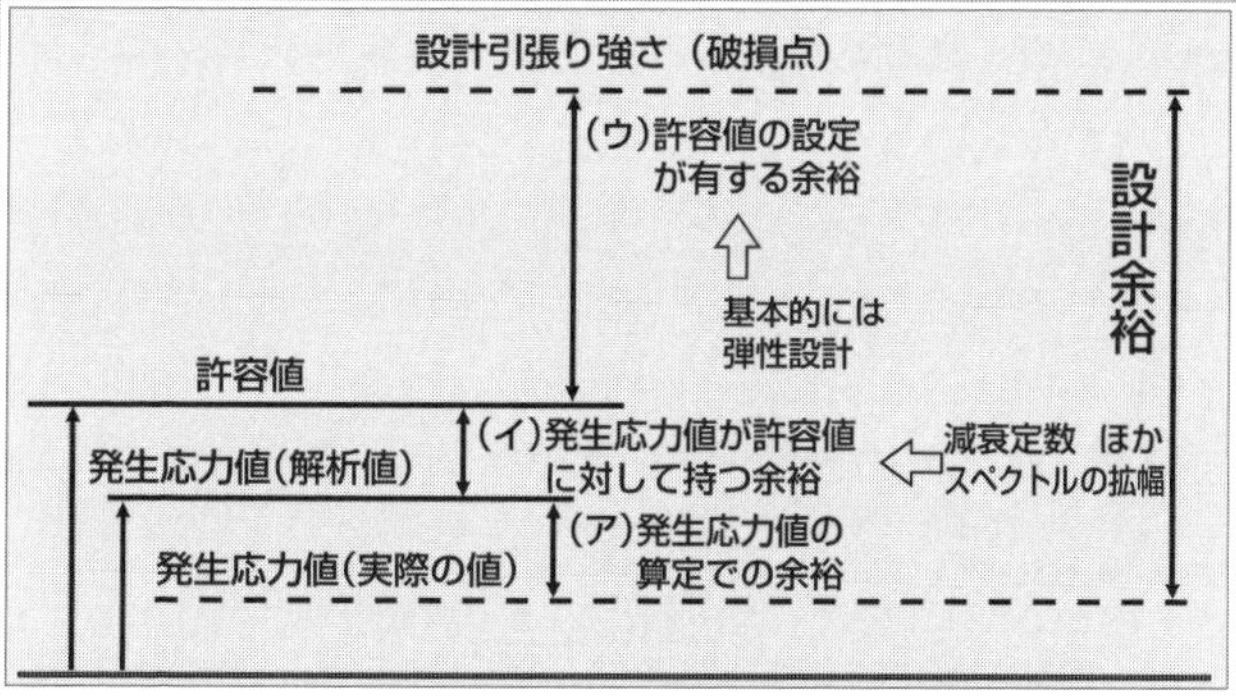

図1-10　班目氏の「三つの安全余裕」論の概念図
（ただし、図中の(ア)～(ウ)の記号は筆者が付記した）。

演会やシンポジウムで頻繁にこの図を使うようになっている。よほどこの図を気に入っているのだろう。

それはともかく、黒田委員の質問に小山田氏はつぎのように正直に答えたものだ――「この図、私も確かに何かのときに見たことはあるのですが、そういう図を作るときに、人間の頭の中でどういうふうに物を組み立てていくかというのが、人それぞれなものですから。どうも、必ずしもぴったり、班目先生が書かれたものが、私にはよく分かっていないところもあります*」

原子力推進の盟友、班目春樹氏に対する気遣いから、意味のない多くの言葉が宙を舞っているが、要するに、小山田氏には班目氏が何を言っているかわからないということである。学者・班目氏が浜岡原発裁判で証人として主張した「三つの安全余裕論」。その安全神話は、不幸にも地方裁判所の裁判官たちを頷かせはしたものの、プロフェッショナル・エンジニアで切れ者の元原発設計技師の首を縦に振らせるだけの力をもたない、ということである。

【補足】この章では「安全率」が安全余裕の大きさを意味しないことを繰り返し説明したが、それは著者の勝手な論理ではないのかとお疑いの読者もいるかもしれない。そこで、機械工学系の大学生の入門書、菊地正紀・和田義孝共著『よくわかる材料力学の基本』(秀和システム)につぎのような説明があることを紹介しておきたい――「安全率が大きいということは応力予測の不確実性が大きいということを意味するのであり、安全性が高いことを意味するのではないことを正しく理解しましょう。」

---

*「設備健全性、耐震安全性に関する小委員会」第3回議事録より

第二章

材料は劣化する——大惨事の温床

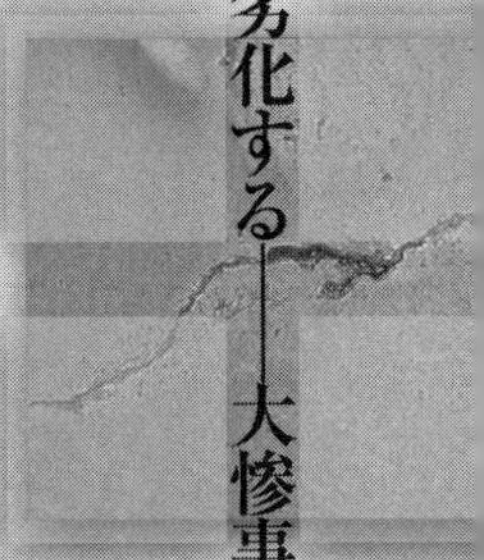

井野 博満

1 材料劣化で原発事故が起こった

金属材料は必ず劣化する。身近でよく出会うのは疲労と腐食（さび）だろう。一般に金属材料が関係した事故原因は統計的にこの二つが圧倒的に多い。ニュースなどでも、金属疲労による航空機の事故や鉄筋の腐食による橋の崩落などを耳にする。

原発も例外ではない。疲労と腐食が主な事故原因になっている。それ以外に原発の場合は、最も恐れられていて避けることができない材料劣化原因がある。それは材料の照射脆化である。炉心からとび出してくる中性子が容器の鋼材に当たって、鋼材が脆くなる。最も注意しなければならない材料劣化である。これについては3節で詳しく述べる。材料劣化が原因で起こった事故を原因別に表2‐1に示す。

美浜3号エロ・コロ事故

二〇〇四年八月九日、福井県美浜町の関西電力美浜原子力発電所3号機で配管が破裂、高温高圧水蒸気の直撃を受けた作業員4人が即死、7人が全員やけどの重軽傷を負い、うち一人が2週間後に死亡するという痛ましい事故が起こった。破裂した炭素鋼配管は、直径56センチ、厚さ1センチもある大きなものだが、破裂した箇所では

表2-1　金属材料の劣化原因と原発事故例

劣化原因	現象・メカニズム	事故例
疲労（降伏応力以下の小さい力が繰り返しかかり破損する）		
○機械的力によるもの	繰り返し外力や共振	○蒸気発生器細管の破断（美浜2号、1991年2月） ○熱電対さや管の共振破断（もんじゅ、1995年12月）
○熱的力によるもの（熱疲労）	熱膨張・収縮の繰り返し	○再生熱交換器のL字配管のひび割れ（敦賀2号、1999年7月）
腐食（金属は酸化物に還りたがる。例外は金）		
○全面腐食	全面にさびが生じ減肉する。	
エロージョン・コロージョン	機械的侵食と化学的腐食が重なる	○2次系配管の破裂による死傷事故（美浜3号、2004年8月）
○局部腐食	ひび割れが内部へ進展し、破断に至る	
ステンレス鋼の応力腐食割れ	炉水中の溶存酸素・溶接部の残存引張応力・材料の鋭敏化または加工組織の存在	○シュラウド・再循環系配管のひび割れ隠し（東電の全原発ほか、2002年8月〜）
照射脆化（炉心からの中性子照射によりもろくなる）		
○鋼材の照射脆化	脆性遷移温度の上昇	○圧力容器の高経年化
○ステンレス鋼の照射誘起応力腐食割れ	照射誘起偏析・硬化	○シュラウドの脆化

厚さ1ミリ以下に薄くなっていたのだ。

　エロージョン・コロージョン（略してエロ・コロ）で配管が削られ、90気圧もの内圧に耐えられず破裂したのである。そのメカニズムを図2−1に示した。破裂箇所の手前にはオリフィスがあって流れが狭められていた。オリフィスというのは流れを狭めて圧力の差を測り、流速を調べる装置である。流れを狭められた水はその下流で乱れ、渦や気泡ができて配管を削り取る。それが侵食（エロージョン）である。表面が腐食（コロージョン）されているとそれが起こりやすい。このエロージョンとコロージョンが繰り返し起こって配管の減肉（管が薄くなる）が進む。

　エロージョン・コロージョンが起こりそうな場所はほぼ決まっている。オリフィスで流れが狭められたり、配管がL字型に曲がったりしている箇所の下流側である。そういう箇所は減肉の様子を調べて管理することになっている。その管理指針にも問題があるのだが、

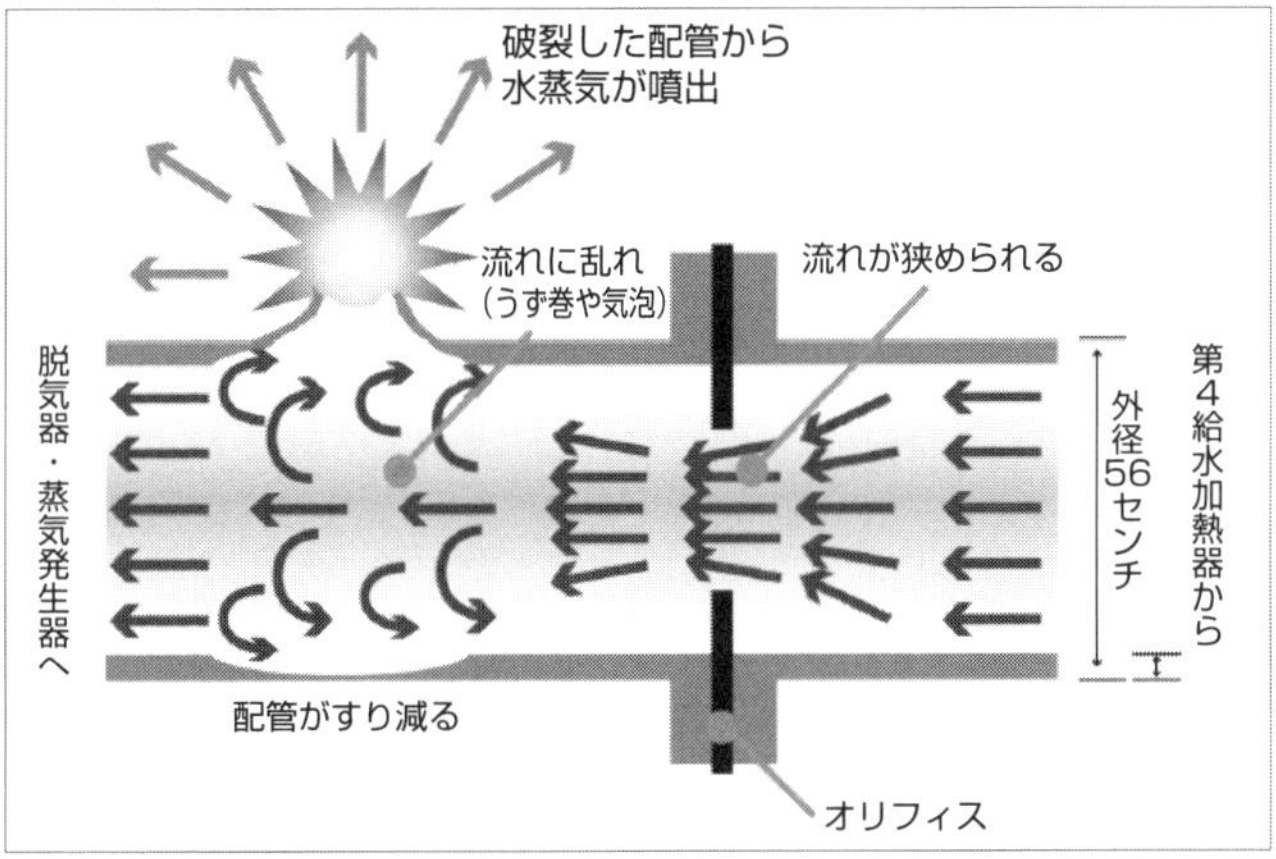

図2-1　エロージョン・コロージョンのメカニズム

それはあとで述べる。この美浜3号機の事故はそれ以前の問題だった。

まず、破裂箇所の検査が行われていなかった。管理箇所のリストから漏れていて、運転開始(一九七六年)以来30年近く肉厚の検査がされていなかった。管理体制の不十分さと一口に言うが、見落としの事実は完璧に管理することの大変さをも示している。第二に関西電力とその下請け検査業者はこの事実に事故直前には気付いていたが、次の定期検査のときに調べれば大丈夫だろうと放置した! この検査引き延ばしは、経済性優先・安全軽視の犯罪行為と言える。その結果、次回の定期検査の直前、その準備のために作業員が多数現場に入っているという最悪の状況下で事故が起こった。

この事故をきっかけに、エロージョン・コロージョンによる減肉が各原発で進んでいて、いつ壊れてもおかしくないという事例が明るみに出た。例えば、福井県おおい町にある大飯1号機では4系統ある配管のうち3系統で主給水配管のエルボ部(L字型の彎曲部)で最小必要肉厚を下回る厚さまで減肉していることが見つかった。美浜や大飯のような加圧水型原子炉(PWR)だけでなく沸騰水型原子炉(BWR)でも大きな減肉が起こっていた。宮城県女川町にある女川1号機・2号機では炭素鋼より、エロ・コロに強いと言われている、ステンレス鋼製配管へ取り替えたにもかかわらず減肉が続いていた。コロージョンが少ないはずのステンレス鋼でなぜそうなのか、原因はよく分かっていない。

こうして予測より速いスピードで減肉が進む場所があることが分かってきた。その一因は予測方法=配管肉厚の管理指針にある。管理指針によると、配管の部位と使用条件などから初期の減肉率を決め、それから最低限必要な肉厚に減肉するまでの時間（余寿命）を予測する。余寿命がつきる2年前までに配管肉厚を測定し、次の余寿命を決めることになっている。しかし、初期減肉率を決め間違うと余寿命が極端に長くなってしまって、実際上検査が行われなくなる配管がでてきてしまう。これは、定期的に検査しチェックしてゆく方法に比べ、危険なことだ。なぜこんな指針になっているのか、手間のかかる検査のコストを削減しようという発想以外のなにものでもなかろう。

疲労による原発事故

金属疲労による事故は輸送機関などの繰り返し荷重がかかる機器で起こっている。日航機御巣鷹山事故（一九八五年）では、かつて尻もち事故（一九七八年六月二日、伊丹空港）を起こした機体を修理して再使用したが、機内と機外の圧力差を調節する隔壁に繰り返し圧力がかかることによって金属疲労を起こし破断、墜落した。その悪夢はいまだ記憶に新しい。

金属の疲労は、力が繰り返し構造物にかかることによって起こる。例えば、針金を繰り返し逆方向に曲げると曲げた部分が硬くなり、やがて破断する。1回の力では塑性の変形を起こさない降伏応力（材料が元の形に戻らなくなるほどの力）以下の小さい力であっても、それが繰り返されると金属疲労を起こし、破断に至る。

金属疲労には、振動による力が加わって起こる機械的疲労と機器に熱が加わって起こる熱疲労とがある。

金属材料に熱が加わったとき材料自体が膨張しようとする力は非常に大きく、機器が拘束（固定）されているとその膨張を抑えようとする力（熱応力）が生まれ、その力は降伏応力を超えることもある。熱応力は構造設計で気をつけねばならない重要な因子である。

この熱疲労によって敦賀2号機（福井県）は、化学体積制御系再生熱交換器の連結配管から原子炉格納容器内に1次冷却水が漏れる事故を起こした（一九九九年七月）。加圧水型原子炉では原子炉の出力調整のために1次冷却水のなかにホウ酸（中性子吸収材）を添加している。そのホウ酸の濃度を管理するのが化学体積制御系である。この熱交換器では原子炉からの300度の熱湯と化学体積制御系で浄化された150度の水（これも熱湯ではあるが）との間で熱交換が行われるが、熱交換器の構造に問題があり、配管に温度の違う冷却材が交互に流れ込んで熱による膨張と収縮が繰り返され、熱疲労を起こしたことが判明した。この配管のひび割れの点検は全くなされていなかった（定期検査の項目に含まれていなかった）。

また、機械的な共振振動による疲労が原因の大きな事故は、美浜2号機の蒸気発生器で発生している（一九九一年二月）。蒸気発生器は加圧水型原子炉において、原子炉からの1次冷却水の熱を2次冷却水に移すための最重要機器であるが、しばしばトラブルを起こすので加圧水型原子炉のアキレス腱とも言われている。蒸気発生器の内部にはU字型の細い管が多数（3000～4000）集まった伝熱管があり、その薄い管壁（厚さ1・3～1・5ミリ）を通じて熱が1次冷却水から2次冷却水へ引き渡される。この細い管とそれを支える板との隙間に腐食した金属のカスがたまり固着したため、共振現象が起こり疲労によりギロチン破断を起こした。ギロチン破断とは、配管がすぱっと真っ二つに割れるような破断をいう。振れ止め金具がきちんと挿入されていなかったこともあとで判明した（図2-2）。腐食と疲労、取り付けの不備が重なった事故である。状況によっては1次冷却水が失われ、炉心が空焚きになり一九七九

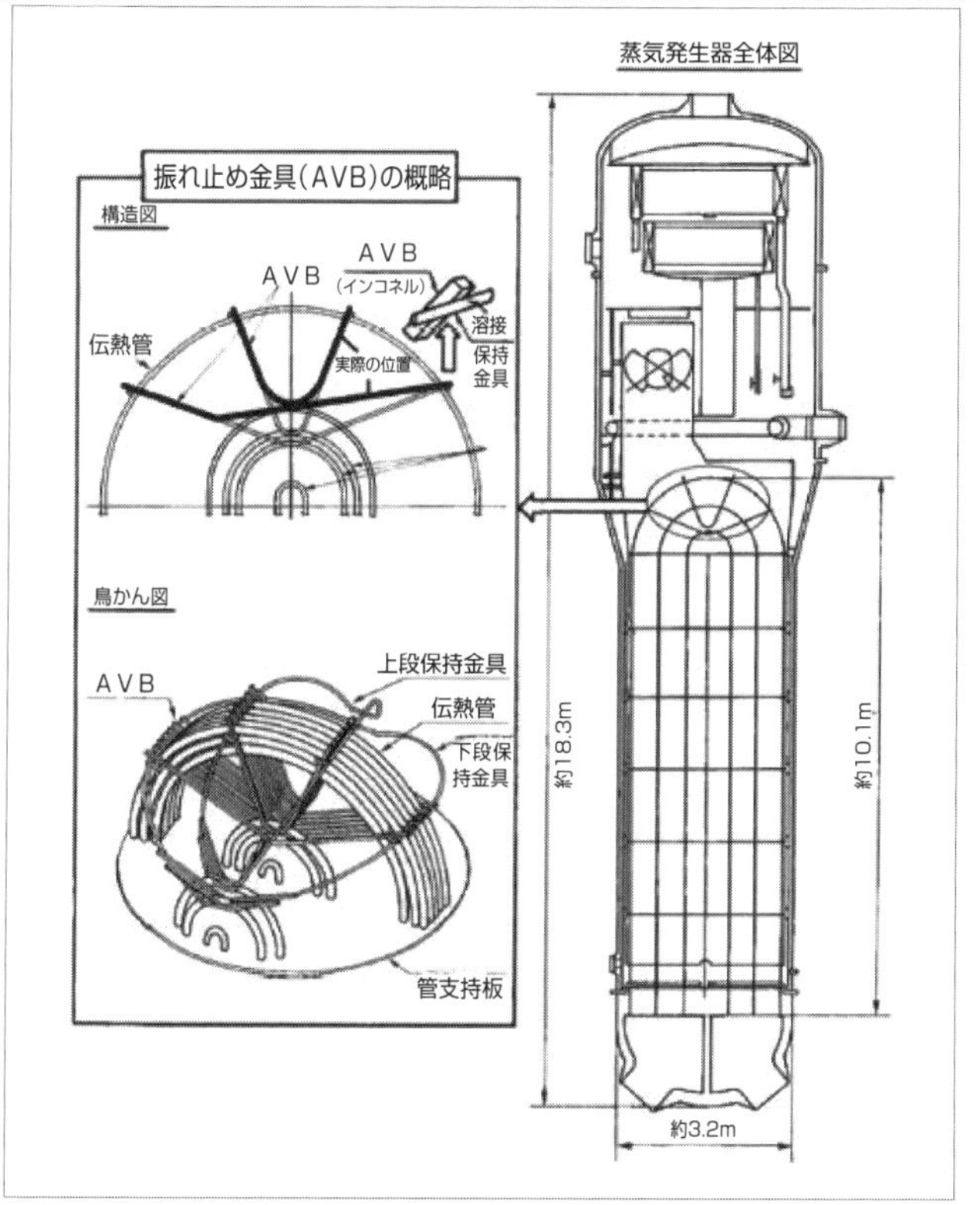

図2-2　美浜2号機蒸気発生器細管のギロチン破断
（関西電力資料より）

年にアメリカで起きたスリーマイル島原発事故と同じ炉心溶融事故を起こすところだった。現在、一九八二年までに建設・運転開始した11基の加圧水型原発のすべての蒸気発生器が使用不能になり、交換されている。蒸気発生器は、ほかの原発でも伝熱細管のつぶれや腐食カスの固着、応力腐食割れ（後述）などが多数発生しており、入口をふさいで使えない状態になった細管の割合が原発によっては10～20パーセントに達している。そういう頻発する損傷の上にこの大きな事故が発生したと言える。

高速増殖炉「もんじゅ」（福井県敦賀市）の熱電対破損事故（一九九五年十二月、冷却材［ナトリウム］の温度を測る熱電対温度計を収めている「さや」が破損）もまた、共振による疲労が原因で起こった大きな事故である。熱電対のさや管がナトリウムの流れによって振動、金属疲労を起こして折れ、その穴から高温（約450度）のナトリウムが流れ出し、大気中の水分と化学反応して火災になった。ナトリウムは水と激しく反応するので、高速増殖炉の冷却材としてナトリウムを使うことの危険性は以前から指摘されていた。各国で高速増殖炉が実用化に至っていない原因の一つである。

この熱電対破損事故は、全く初歩的な設計ミスによるものだった。熱電対さや管は先端から15センチのところで直径が10ミリから22ミリへ急に太くなる段付き構造になっていて、機械工学の知識があれば力がかかりやすいことに誰でも気づくおかしな設計であった(1)。しかも丸みを持たせるべき段付け部の曲率半径（曲がり具合を示す値）が後の検査では0・1ミリであり、削ったバイト（旋盤の刃）の刃先の角度のままであったというから驚く。設計の問題点を下請けのメーカーが指摘したら、設計どおりにやればいいのだ、という返事でそのままになったという。きちんとしたチェック機能が働かない事業者、動燃（動力炉・核燃料開発事業団。現在は日本原子力研究所と一体化して日本原子力研究開発機構）の硬直した体制を示すものだ。

この熱電対はナトリウムの流れ（秒速5メートル程度で特別高速というわけではない）に垂直に置かれていた。熱電対さや管に流れがぶつかって、渦ができ、その渦がさや管を離れるときに反作用でさや管に力を及ぼす。流れのなかに円柱があるとき、流れは円柱にぶつかった後、その両側に渦を発生させる。渦は柱の左右から交互に放出されカルマン渦と呼ばれている。このカルマン渦の放出頻度がさや管の固有振動数と一致すると共振を起こし大きな力が流れに対して垂直方向に加わる。タコマナローズ橋が風力による共振で崩落した事故（一九四〇年、米ワシントン州）で、カルマン渦はよく知られるようになった。この熱電対さや管の共振振動数は、このカルマン渦の周波数とは合っていなかったが、その倍の周波数を持つ双子渦（左右の渦が同時に放出される渦）の周波数と近く、共振を起こした[1]。設計者は双子渦のことも知らなかったようだ。

2 ステンレスの応力腐食割れは防げない

二〇〇三年四月、東京電力の全原発17基の運転がすべて止まった。前年八月に発覚したひび割れ隠しが原因である。ひび割れが起こったのはシュラウド（原子炉内の燃料を取り囲むように設置されている円筒状の支持構造物）と再循環系配管である。いずれも原発の最重要機器であるが、特に再循環系配管は、原子炉内に水を循環させる役目を持つ再循環系ポンプと原子炉を結ぶ配管で、炉心と同じ70気圧を保つための圧力バウンダリー（壁）を構成している。ひび割れで配管が破れることがあれば、炉内の冷却水が外部に噴出して失われ、炉心溶融や核暴走という大事故に直結する。

なぜ、ひび割れが起こったのか。なぜ、ひび割れを隠したのか。また、いかにしてひび割れ隠しが発覚したのか。

ステンレスのひび割れは30年前にも大問題だった

ステンレス（stainless）はさび（stain）の少ない（less）というその名の通り、錆びにくい材料である。鉄にクロムやニッケルというさび（腐食）を止める元素を添加してつくる。代表的なのは、クロム18パーセントとニッケル8パーセントを鉄に加えた18‐8ステンレスと呼ばれる合金で、家庭用の流しや食器にもよく使われている。ＪＩＳ規格でＳＵＳ３０４と名づけられている汎用ステンレス鋼である。初期の原発にもこの合金が使われた。ところが運転開始直後から次々とひび割れが発生し始めた。当時（一九七〇年代初め）、原発メーカー東芝の経営者の一人に「一体いつになったら原子力発電は信頼できるものになるのか、原子力がダメなら、ダメといってくれ」と言わしめたほどの大問題だった[2]。

幸いにも、と言ってよいだろう。材料研究者の必死の努力によってひび割れの原因が突き止められた。ステンレス鋼は表面に緻密なクロム酸化物の被膜ができることによって腐食が内部へ進行することを防いでいる。ところが、溶接の際の熱の影響を受け、鋼中に微量に含まれている炭素が結晶粒界（結晶と結晶の間の境界）へ集まりクロムと結合してクロム炭化物を形成する。そのため粒界付近のクロム濃度が12パーセント程度まで低下し腐食しやすくなる。この現象をステンレス鋼の鋭敏化という。そこへ炉水中に溶けていた酸素がアタックし、溶接後の熱によるひずみによって生じた力（残留引張応力）が粒界を引き裂き、表面から内部へ粒界に沿って腐食割れが進行する。これが応力腐食割れ（Stress Corrosion Cracking、略してSCC）のメカニズムである。

こういうメカニズムが分かったのでステンレス鋼の強度を保つための炭素含有量を0・08パーセント程度から0・03パーセント以下に減らし、強さを補うため炭素の代わりに窒素を添加した。これがL材（low carbon、低炭素の意）と呼ばれるもので、SUS304L、SU

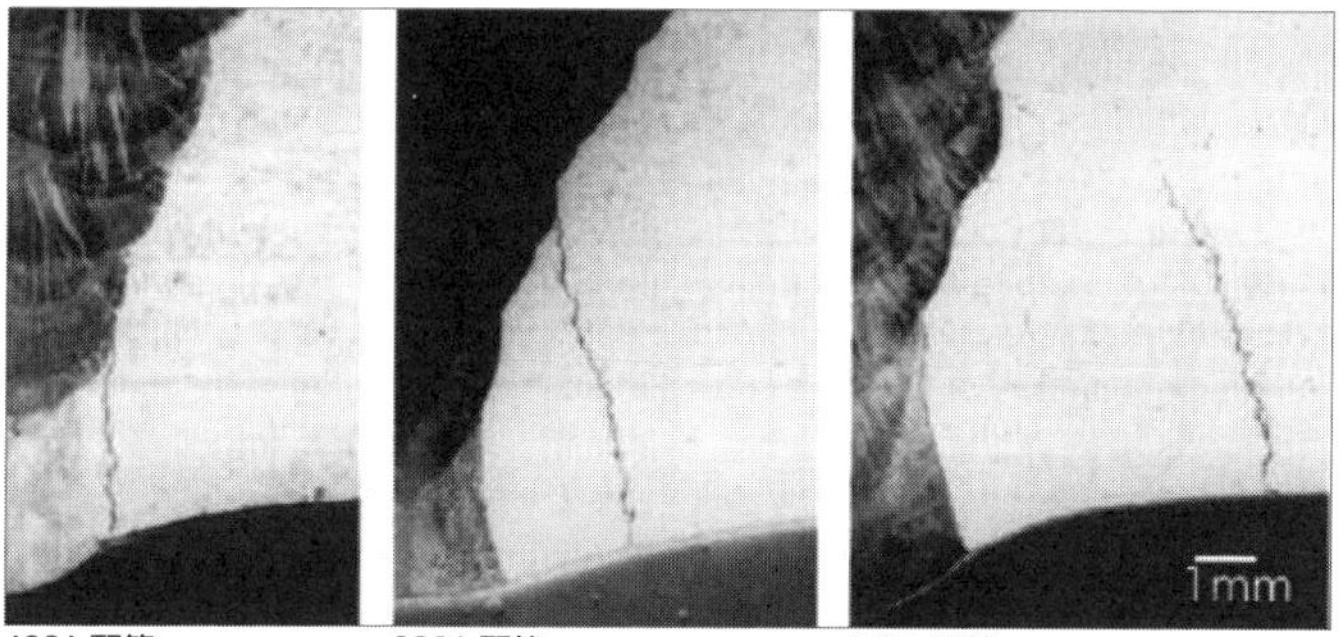

図2-3
柏崎刈羽1号機再循環系配管の溶接部近傍の表面加工層から生じた応力腐食割れ（400A、600A は配管の直径（mm）を表す）
（東京電力資料より）

ＳＵＳ３１６Ｌ、ＳＵＳ３１６ＮＧなどがある。３１６はさらにモリブデンを添加して強化した合金、ＮＧは nuclear grade（原子力標準）の略である。これで見事ひび割れは止まり、一九八〇年代から九〇年代にかけて、シュラウドや再循環系配管などの機器は次々とこの改良型ステンレスに交換された。

ひび割れ解決は実験室のなかだけだった

ところが、この新しい改良型ステンレス鋼Ｌ材が実際の原発に使われ始めて数年経った一九九〇年代になって、やはりひび割れが起こることが報告され始めた。その原因は、実際の原発で使用される際に材料が受ける表面加工や変形などであることが分かってきた。ひび割れが解決したのは実験室の制御された環境においてでしかなかった。

Ｌ材であってもグラインダーなどで表面が研磨されると加工による硬化が起こる。また、溶接箇所の近辺の熱を受けた部分（熱影響部、Heat Affected Zone、略してＨＡＺという）では熱応力によってひずみを受け、硬化する。そのような硬化領域ではひび割れ発生の頻度が大きくなり、ひび割れの進展速度も大きくなる。ひび割れを防ぐために材料に直接接触しなくても発熱させられる高周波加熱によって表面の応力を緩和したり、鋼球をぶつけて金属表面にわずかな凸凹をつくってひずみを起こしにくくするショットピーニングを行ったり、炉水中に水素を添加して水中に溶けている酸素を減らすなどの対策を行っているが、ひび割れを完全に抑えることはできていない。

検出が難しいひび割れ形状

L材に発生するひび割れはタチが悪い。改良前のステンレス材のひび割れは、溶接線に平行にまっすぐ割れてゆくものが多く、超音波検査（UT）で検出することが比較的やさしかったが、今度のひび割れは向きもまちまちで曲がりくねったり、二股に分かれたりして、検出が難しい。そのため見落とされたり、深さの推定を誤ったりする。図2‐4は、超音波検査で求めたひび割れの深さと、配管を切り出して測定した実際のひび割れの深さを比較したものである[3]。データが30点あるが、そのうち4点は超音波検査で見つけられなかったものであり、また、実測値のほうが深かったものが大部分で、なかには超音波検査で2ミリの深さと判定したものが実際は9ミリや12ミリもあったものもある。このひび割れが超音波検査では見つけにくいタチの悪いものであることが分かる。

ひびだと思うとひびに見える検査員の主観に依存した検査結果

そこで超音波検査法を改良して挑んだ結果が図2‐5である[3]。これは面目一新のため発電設備技術検査協会が新潟の柏崎刈羽原発で実施したもので、日立・東芝など国内検査メーカー各社のほか、GE（米国のジェネラル・エレクトリック社）など外国メーカーも参加し、また、検査方法もさまざまな方法が試みられた。この図をみてまず分かることは、図2‐4とは反対に、実測値に比べ超音波検査のほうがひび割れの深さを大きく判定したということである。実測値が7ミリ弱なのに13・5

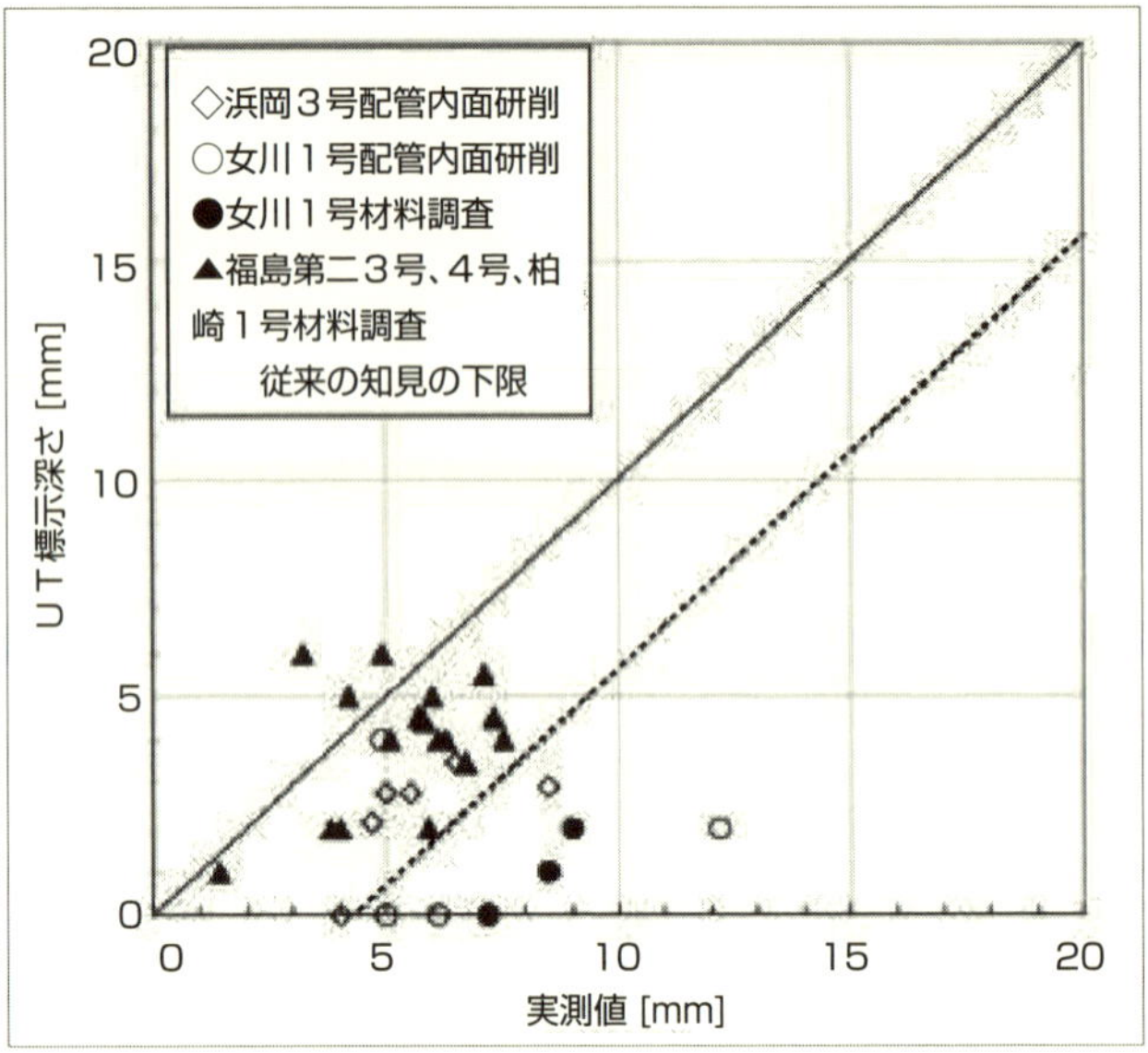

図2-4　超音波検査で推定したひび割れの深さ（縦軸）と切り出して実測したひび割れの深さ（横軸）の比較

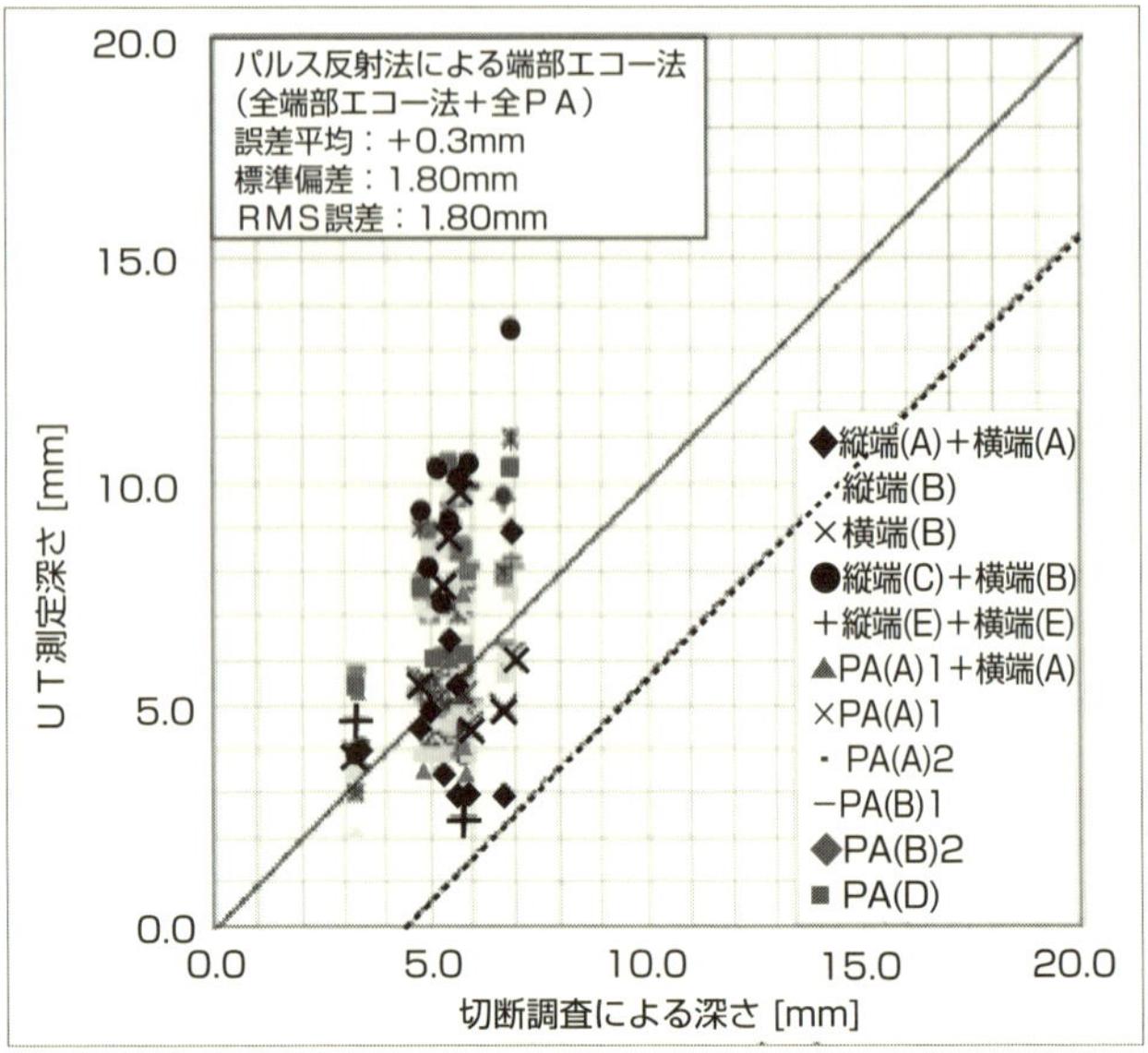

図2-5　「改良」した超音波検査で求めたひび割れの深さ（縦軸）と実測値（横軸）の比較

ミリとか11ミリに計測したデータ点がある。深さ5ミリのひび割れを10ミリ前後に計測したデータ点が多数存在する。

以前の検査ではひびを見落としたり過小評価したことが問題だったが、今度は、ひび割れを大きく見積もり過ぎてしまっている。超音波検査の判定が検査員の主観に甚だしく依存していることが分かる。これを検査協会は、「安全側の評価になった」と自賛しているが、どんなものか。

ところでさらに驚くべき事実が隠されていた。いや、そっと目立たぬように「公表」されていたと言うべきか。図2‐5は、経済産業省の原子力安全・保安院の健全性評価小委員会に報告・説明された資料8‐2の図から採ったものである。ところがこの図では、同日の小委員会に参考資料8‐4として配布されたより詳しい報告書のいくつかの図には存在している実測値ゼロ、超音波測定値3〜6ミリのデータ点がすべて削除されていたのだ。これらのデータは、ひび割れでないものをひび割れとして計測したことを意味し、検査員は幻を見たことになる。超音波検査の信頼性はこんなものだと分かってしまった。各社選りすぐりの検査員がこの実証試験に馳せ参じたのであろうに。

報告書の結言（78ページ）にはどういう文が書いてあるか。「国内会社の結果の多くが安全側の評価になっていること、無欠陥を正しく診断する点に関しては外国会社の技量には高いものがあること」。苦心の表現であるが、この意味を分かりやすく書けば次のようになる。「ひびの過大評価はあったけど過小評価はなかったので安全側だ、欠陥（ひび割れ）でないものをひび割れと診断してしまった国内メーカーの技量には低いものがある」。超音波検査の弱点を覆い隠し、こういう歪曲した結言の書き方をする検査協会が実施する原発の検査は信頼できるものになるだろうか。

超音波の検査法が「改良」・複雑化され、検査員の技量が要求されるようになり、原子力安全・保安院は、原発専門の検査員を養成することにした。その資格試験を二〇〇五年から実施し始めたが、1回目と2回目を合わせた合格者は十数名に止まり、こんな状態で全原発55基の検査ができるのか心もとない。新体制スタート後もひび割れの見落としは続いている。東京電力は二〇〇六年三月、福島第二原発の配管検査（二〇〇五年五月）で全円周に達する長いひび割れを見落としていたことを発表した。あまりに長過ぎたのでひび割れだとは思わなかったということである[4]。

ひび割れ隠し発覚以降、検査法の複雑化もあって、検査に携わる作業員の放射線被曝線量が急増したことが報告されている[5]。原子炉に近い放射線をあびる場所であるため、一人の検査員が長時間の検査はできない。こうした理由からも検査員の不足は深刻と言われている。優秀な技量を持った検査員が放射線をあびながらの作業を嫌い、他産業へ流出するというのももっともなことだ。人手不足とコスト削減から、原発の定期検査の間隔を現在の13カ月から2年に延長することが今年になって認められ、安全対策はますますおざなりになっていく。原発は労働の現場から崩壊しつつあると言えそうだ。

なぜひび割れを隠してきたのか

話をひび割れ隠し発覚前に戻そう。なぜ、電力各社は必死にひび割れの存在を隠したのか。それは、原発の機器には設計時と同じ性能が要求され、設計基準ではひび割れの存在は許されないからである。ひび割れが見つかれば即交換しなければならない。それでひび割れは報告しないことにした。その間、どういう管理をしていたのか。

ひび割れ隠しはかなり徹底していたようで、同じ電力会社の研究所の研究者にも知らせていなかったようである。ひび割れ発覚後、日本原子力学会材料部会は、シュラウド等材料問題検討会を開催したが、ひび割れの調査報告を行った東京電力研究所の研究者はその席上で、「人知の及ばぬことが起こりうる」と反省の弁を述べている(6)。

しかし、表面加工されたステンレス材SUS316Lにはひび割れが生じることはこの当時すでにGEなどから多くの報告がなされていた。日本の原発で報告例がなかった(隠されていた)からと言って、たくさんいる日本の原子力材料技術者が誰も「人知が及ばなかった」のは残念である。不勉強なのか、想像力の欠如なのか。日本の技術は優秀で、アメリカの例のようなひび割れは起こらないとでも思っていたのだろうか。

日本のエンジニアは内部告発しなかった

ひび割れが発覚したのは、GE(ジェネラル・エレクトリック社)の下請け会社の外国人技術者が通産省(当時)に内部告発したのが発端である。二〇〇〇年七月のことである。続いて同年十一月に2度目の告発がなされ、二〇〇二年五月になってやっと東電とGEは合同調査を開始した。この間、告発を受けた通産省は何をしていたのだろうか。二〇〇二年八月二十八日、東電は不正を認める報告書を経産省原子力安全・保安院に提出、翌二十九日には保安院と東電が同時プレス発表を行った。東電職員100人近くが隠蔽に関与していたことが分かり、南直哉社長ら東電首脳は総退陣した。

告発したのは外国人の技術者で、事情を知っていた100人もの東電の技術者・職員は誰一人告発をしようとしなかった！　そこまでできなくても、この問題を取り上げて虚偽報告をやめるように働きかけた技術者もいなかったのだろうか。そういうことを許さない企業風土であること、それに抗して声を上げる日本人技術者がひとりもいなかったことに、寒々としたものを感じる。技術の現場はそこまで陰湿なものになってしまっているのか。技術を担うことの社会的責任を大学できちんと学生に教えてこなかったことも遠因のひとつだ。

急遽、「維持基準」が制定された

東電南社長は退陣するに際し「技術基準が実態に合っていない」と言い訳をした。これはシュラウドや再循環系配管のステンレス鋼のひび割れを防ぐことができないことを公言したようなものである。ひび割れ発覚を受けて、国と事業者はどのように動いたか。ひび割れをなくすのではなく、ひび割れがあっても原発を運転できるよう「維持基準」(7)を導入したのである。

「維持基準」というのは「設計基準」とは別に、機器運転の基準を定めるもので、アメリカなどでも導入されており、それ自体、考え方としてよくないとは思わない。しかし、日本での導入の仕方はいかにも泥縄的であり、ひび割れ問題から逃げる目的があったことは明白であろう。「維持基準」の導入は前々から検討を進めていたというのだが、いい機会だと一気に通してしまった。

運転の安全性を高めるために維持規格を作って管理するというのならいい（それが建て前である）のだが、やっていることは逆なのではないか。今までなら、ひび割れが起きたら交換しなければならなかった配管に維持基準を設けて交換なしで済まそうというわけだ。コストを切り詰め、安全を切り詰めている。維持基準の考え方は、危険度の高い機器や部位を重点的に検査・管理し、総体として安全性を高めるのだという。しかし、実際には、検査にかけられる人手やコストの総量（これを「ボリューム」という）が決まっていて、その範囲内で「合理的に」検査を実施するということだ。これはコスト優先の発想である。原発が老朽化してゆけば検査の「ボリューム」を増やさねばならないはずである。配管のひび割れ検査も10年とか5年に一度、しかも全数でなく、半数でよいというような規定がある。さすがにその通りには実施できなくて、現地住民の反発で規定以上の検査や交換が行われているようではあるが。

「健全」なひび割れか危ないひび割れかを判定する

各事業者が実施し、原子力安全・保安院の健全性評価小委員会が審査（承認）するひび割れの評価手順は次のようである。ひびを点検→ひびのモデル化→基準寸法以上ならばひびの進展予測→ひびの補修(4)。これは再循環系配管の場合であるが、炉心シュラウドも同様な手順によっている。ここで、まず問題なのは、ひび割れの長さ・深さの認定である。これは超音波検査によって行うのだが、前に書いたように、その検査精度は疑わしい。ひび割れを見落としてしまえばそれまでである。

続いて、ひび割れの進展予測を行う。これは、超音波検査で求めたひび割れの大きさから、ひびの先端の応力（内部に生じる力の大きさやその作用方向）分布を計算で求め、ひび割れがどの位のスピードで進むかを推定するものである。応力分布の大きさを表す指標が応力拡大係数である。ひび割れの進み方は材質や環境によって違うので、材料の種別ごとに炉水環境を模擬した環境であらかじめ実験を行い、ひび割れ進展速度線図を作っておいて、それに当てはめて進み方を計算する。その計算の結果、5年後にひび割れがある範囲内にとどまっていれば、そのまま使ってよいと判定する。

ここで問題なのは、実験室で作られたひび割れ進展速度線図が現実を反映しているかどうかである。実験データ点の上限を結んで低炭素ステンレス鋼（L材）のひび割れ進展速度を決めているが、確たる理論的根拠があるわけではない。実験データは大きくばらついている(8)。データ点の数も少ないので実験が増えれば予測線上をとび出す可能性もある。

しかも、必要なのはひずみを受け加工硬化したステンレス鋼のデータであるが、それがなかった。実際、その後の実験で低炭素ステンレス鋼の熱影響部でのひび割れが進む速さは、硬化していない場合に比べて大きくなることが分かってきた（この実験が出る前は、進展速度が変わることはないと言い張る著名な学者もいた）。

原子炉安全小委員会では、急遽それらの事実を考慮して、再循環系配管の溶接熱影響部（溶接の際生じた塑性ひずみにより硬化した部分）に対しては、Ｌ材の線図でなく、進展速度の大きい鋭敏化ＳＵＳ３０４の線図を便宜的に適用することとした。しかし、シュラウドに対しては従来のＬ材の線図でよしとしたままである[9]。

これで十分に安全性に配慮した評価といえるかどうかは疑問である。塑性ひずみを受けた組織における応力腐食割れはＬ材が使用されるようになって新しく認識された現象である。鋭敏化したＳＵＳ３０４以上のひび割れ進展速度を示す危険性がある。事実、その後の原子力安全基盤機構（ＪＮＥＳ）での実験では、硬化したＬ材では鋭敏化材の予測線上ぎりぎりに達するというデータが得られているし、シュラウドで観測されている比較的低い硬化（工業用材の硬さの尺度＝ビッカース硬さ２００程度）でも、Ｌ材の予測進展速度を超えるデータが報告され、保安院の基準が安全側でないことを示している。

静岡県御前崎市の浜岡原発の差し止めを訴えた裁判（二〇〇二年六月〜）では、この問題で、私（井野）と中部電力側の証人が全く逆の証言をしたが、電力中央研究所の新井拓証人はＪＮＥＳの報告書をきちんと読んでおらず、原告側弁護士の追及に証言を撤回した。こういう裁判の経緯がありながら、静岡地裁（一審）の判決（二〇〇七年十月）では応力腐食割れに関しても中電側の主張がそのまま採用されて原告が敗訴するという意外な結果になった。

大飯３号炉

原子炉容器の一次冷却材出口ノズルで見つかったひび割れ

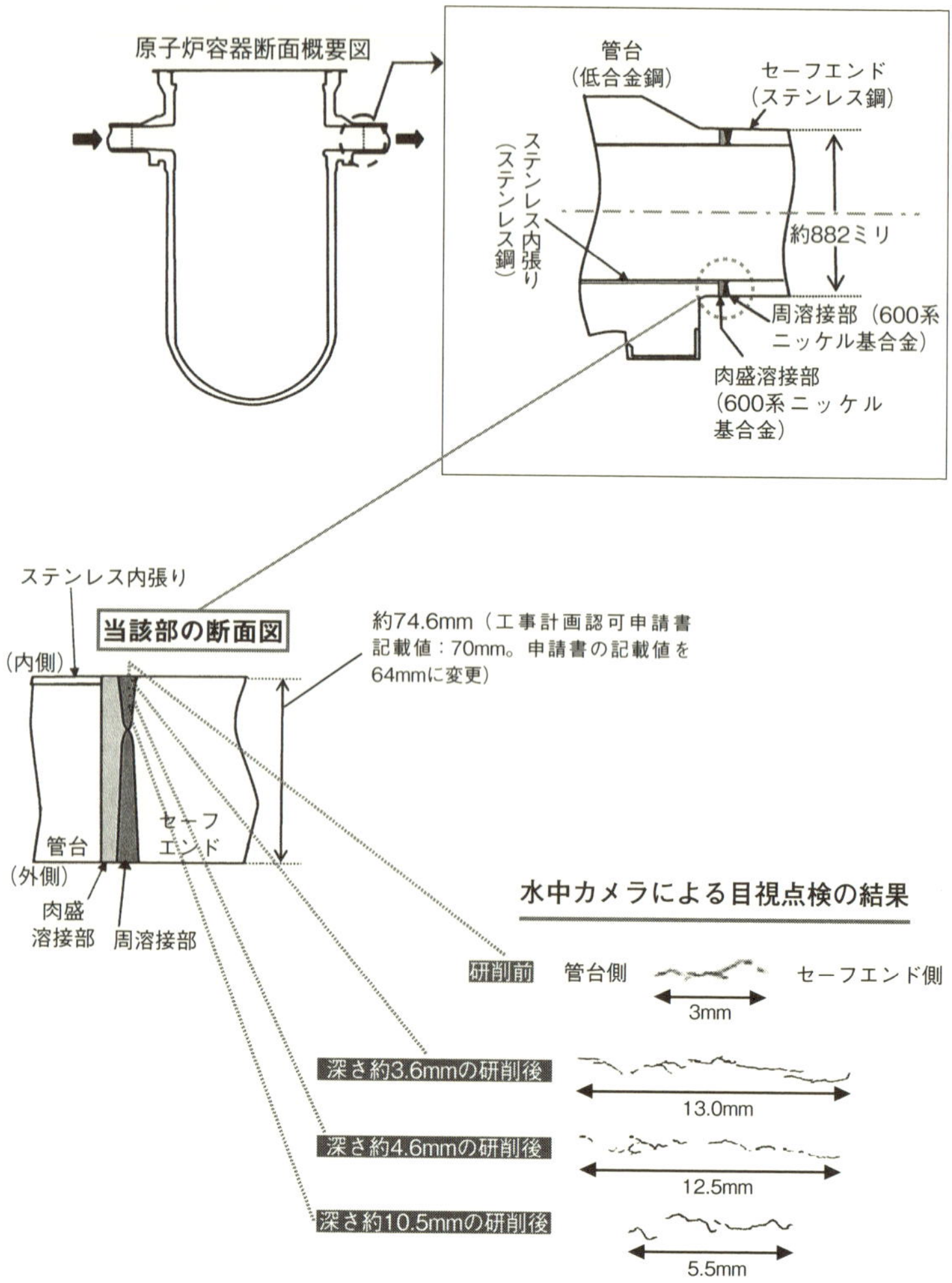

コラム1　大飯3号炉が大変なことになっている！

応力腐食割れが問題になるのは沸騰水型軽水炉だけではない。2008年6月16日関西電力発表の「原子力発電所の運営状況について」によると、福井県にある大飯《おおい》発電所3号機（加圧水型軽水炉）の原子炉圧力容器出口管台（ノズル）溶接部のひび割れが深刻な状態になっている。この溶接部は、圧力容器の低合金鋼製の管台（ノズル）とステンレス製の圧力容器のノズルとセーフエンドという部品をつなぐ部分である。1次冷却水のステンレス配管を圧力容器に直接現場（原発のサイト）でつなぐのは作業上大変なので、あらかじめ、同じステンレス製の部品（セーフエンド）と低合金鋼製ノズルを出荷前にメーカーの工場で溶接しておく。そうすれば熱処理によって残留応力などを十分除去することができる。それで“セーフエンド”と呼ばれているのだ。

しかし、そのセーフエンドにひび割れが生じた。応力腐食割れらしいとのことだが、原発サイトでの溶接部ではなく工場での溶接部分でひび割れが生じるのは、あまりないことで、なぜなのかという疑問が生じる。傷の形状は、水中カメラで調べたところ、長さ約3ミリの軸方向の割れだった（図参照）。超音波検査で調べたところ傷の深さは浅いと考えられたので、表面から削り取る作業を開始したが、深さ3.6ミリまで削っても傷は消えず、傷の長さは約13ミリと逆に長くなった。さらに削ると工事計画認可申請書に記した配管の肉厚の限界70ミリを割ってしまうので、記載内容変更手続きを行って64ミリ厚でよいことにし、さらに、深さ4.6ミリまで削ったにもかかわらず傷の長さは相変わらず12.5ミリ残っていて、深さ10.5ミリまで削っても5.5ミリ残っていた。

このひび割れが軸方向に起こっているというのも通常の溶接部の応力腐食割れとは異なっている。ふつうは、溶接線に沿って周方向にひび割れができる傾向になる。どういう残留応力が作用したのだろうか。まさか、内圧による応力（フープ応力）で割れが拡がっていることはないと思うが。

現在、傷の修復は中断されている。当然原発は止まったままで、2月2日に始まった定期検査が半年近くにのびている。傷の方向が軸方向なので超音波検査で深さを正確に調べられないようで、さらにどこまで削ればよいのか見当がついていない。あまり深く削れば管の肉厚が薄くなり150気圧の内圧にもたなくなる（その限界が本来70ミリ厚であり、それを64ミリに引き下げて削ったのだが、まだ足りない！）。

ひび割れを残したまま、しかもそのひび割れの深さも正確に把握できないまま、運転を再開し圧力をかけることは怖くてできないだろう。ひび割れを取るために、危険を冒してこれ以上、管を削るのだろうか。このノズルとセーフエンドを丸ごと交換することは不可能だ。なぜなら、このノズルは圧力容器に取りつけられているので、圧力容器をくり抜くことになってしまう。そんなことをすれば圧力容器はもう使えない。大飯3号炉はどうなるのか？

その後の関西電力の発表（2008.8.8）によれば、傷が残っている幅約11センチ、周約13センチの部分を、64ミリからさらに53ミリまで薄くする変更手続きをおこなったとのことである。こういうことをしていて安全性はほんとに大丈夫なのだろうか。「もう危ないので、使うのはあきらめます」という選択は技術にはないのか？

今後は照射誘起応力腐食割れ（IASCC）が問題になる

原子炉の運転期間が長くなると、中性子照射による材料劣化が問題になってくる。それは、次節に述べる圧力容器（低合金鋼）だけではない。シュラウドに使われているステンレス鋼でも、中性子照射によって応力腐食割れが引き起こされる。照射誘起応力腐食割れ（IASCC）と呼ばれ、それはすでに始まっている。ステンレス鋼などの靱性材料（粘り強さを持つ材料）が一気に脆くなるので怖れられている。老朽化原発の今後の主要な対策課題のひとつである。

3 中性子照射で圧力容器は脆化する

原発の寿命は40年と考えられていた

原発の寿命は、建設が始まった頃は40年と想定されていた。国や事業者は、そんなことは決まっていなかった、法律のどこにも書いていないと今になって言うが、一九七〇年代当時、事業者が作成した設置申請書には圧力容器の寿命を40年（実効運転期間32年）と想定して、容器鋼材が中性子照射によって脆くなる様子を推定している。また、一九八〇年代に将来の原発の経年変化について原研（日本原子力研究所）の研究者が書いた総説[10]においても、寿命を40年と想定して議論を展開している。これらのことから、原発建設が始まった当時は40年寿命が共通認識だったことは明らかだろう。40年を寿命とすれば二〇一〇年以降古い原発から次々と閉鎖されてゆくはずだが、そうはなっていない。住民の反対などで新規原発の建設が困難になっていることや新しい原発を建設するよりも寿命延長のほうが安上がりなことなどから原発の寿命を60年まで延ばして使う方針が決まり、建設から30年を超えた原発については各事業者が「高経年化技術評価報告書」を提出し、政府の「高経年化対策検討委員会」がそれらを審議して、10年ごとに60年まで寿命延長を認めることになった。今まで13基の原発について延長運転ＯＫのお墨付きが与えられている。認められなかった原発は1基もない。

寿命を40年と想定した理由のひとつは圧力容器の照射脆化

当初寿命を40年と想定した理由のひとつが原発心臓部の圧力容器の中性子照射脆化だった。中性子照射脆化とは何か。炉心の核分裂でとび出してきた中性子が炉壁に当たり、圧力容器の鋼材を壊してゆくのである。中性子が鋼に当たると結晶を構成している原子をはじきとばし、そこに空孔（vacancy）と呼ばれる穴と、はじきとばされた原子である格子間原子（interstitial atom）とができる。これらの格子欠陥は動き回って集合し、空孔クラスターや格子間原子クラスターを形成する（図2‐6）。また、空孔が動くことで鋼中に含まれる不純物の銅原子なども集合体（不純物クラスター）を形成する。これらの2次欠陥が滑り変形を起こしにくくさせ、結晶を硬化させる（滑り変形とは、金属結晶の内部のある結晶面をずらすように変形が進むことで、トランプのカードを斜め方向に押して滑らせるような変形である)。

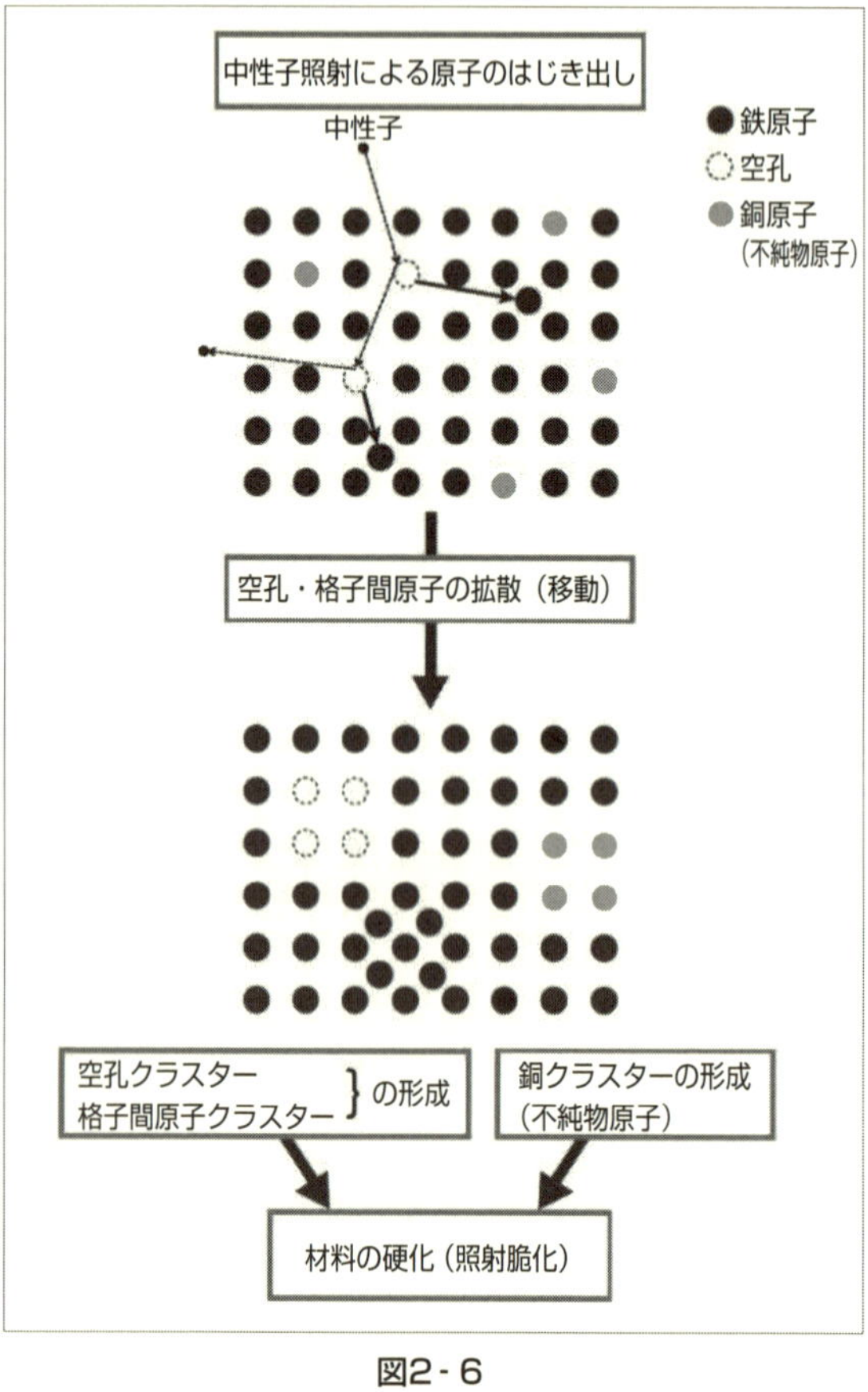

図2-6
中性子照射による金属原子のはじき出しとクラスターの形成
クラスターが鋼の硬化を引き起こし、脆性遷移温度を上昇させる。

タイタニック号が沈没したのは鋼板の脆性遷移温度が高かったため

さて、鋼には延性・脆性遷移という現象がある。これは、ねばくて延性をもつ鉄がある温度以下になると脆くなる現象で、その変化が起こる温度を延性・脆性遷移温度——または単に脆性遷移温度という。無延性遷移温度と呼ばれることもある。リンや硫黄などを含む質の悪い鋼板では脆性遷移温度が高い。タイタニック号の鋼板の脆性遷移温度は、事後の調査で27度と分かり、これでは厳寒の海で氷山にぶつかった力での脆性破壊は免れなかったであろう。リベット（鋲）まわりから割れが発生し、船体の大破断に至ったという。

中性子照射を受けると脆性遷移温度は不可避的に上がってゆく

原発の圧力容器はそんなに質の悪い鋼材を使ってはいない。使用前の脆性遷移温度はマイナス1度からマイナス40度でいずれも0度以下である。しかし、この鋼が中性子照射を受けると時間とともに脆性遷移温度は上がってゆく。これは前述したように鋼中に格子欠陥クラスターや不純物クラスターができて滑り変形が起こりにくくなって、代わりにクラック（割れ目）による脆性破壊が先に起こるようになるからである。

原子力潜水艦の動力に使われる原子炉を別とすれば、原子炉の圧力容器が冬の海で氷山に遭遇することはないが、地震などが原因で配管の破裂が起こると冷却水が失われ、炉心の空焚きを防ぐため緊急炉心冷却装置（ECCS）が作動して冷却水を注入する。この際の急冷による熱衝撃によって圧力容器に大きな応力が発生し、それが脆性遷移温度以下であると容器が破断を起こす危険があるのだ。もちろん、心臓部の圧力容器が壊れれば、大量の放射能を環境に放出する大事故になってしまう。圧力容器は発電のための核反応の場を提供する一方で、そういう危険性を孕んだ安全上最も注意が必要な機器である。

圧力容器監視試験データ

では、30年以上使い続けてきた日本の原発の脆性遷移温度はどうなっているのか。筆者らは、通産省（現、経済産業省）が公表した全国各地の圧力容器監視試験結果[11][12]をもとに脆性遷移温度の上昇の様子を解析した。

その解析結果は、研究論文として学会誌などに発表している[13][14]が、やや専門的にすぎるように思うので、ここではそのなかの分かりやすいケースとして、敦賀1号炉と福島第一1号炉の監視試験結果について考察することにしよう。

図2-7に、その二つの炉の監視試験データを示す。[12][13][14]横軸に照射時間、縦軸に脆性遷移温度をとってある。左上が敦賀1号炉の母材（ベースメタル）、右上が溶接金属の結果であり、左下と右下が福島第一1号炉の母材と溶接金属の結果である。図中の黒マークと白マークのデータ点は、それぞれ通常照射と加速照射の結果を示している。加速照射というのは、監視試験片を炉心に近づけて設

置し、圧力容器壁より一桁程度多量の中性子をあびるようにしたものである。その結果、圧力容器鋼材より短時間で多量の中性子照射を受けることになる。もし、中性子をあびるスピードにかかわらず、同じ照射量を受けた鋼材が同じ脆化を起こすならば、加速照射というのは圧力容器の将来の脆化を予測できて、とても有用だ。

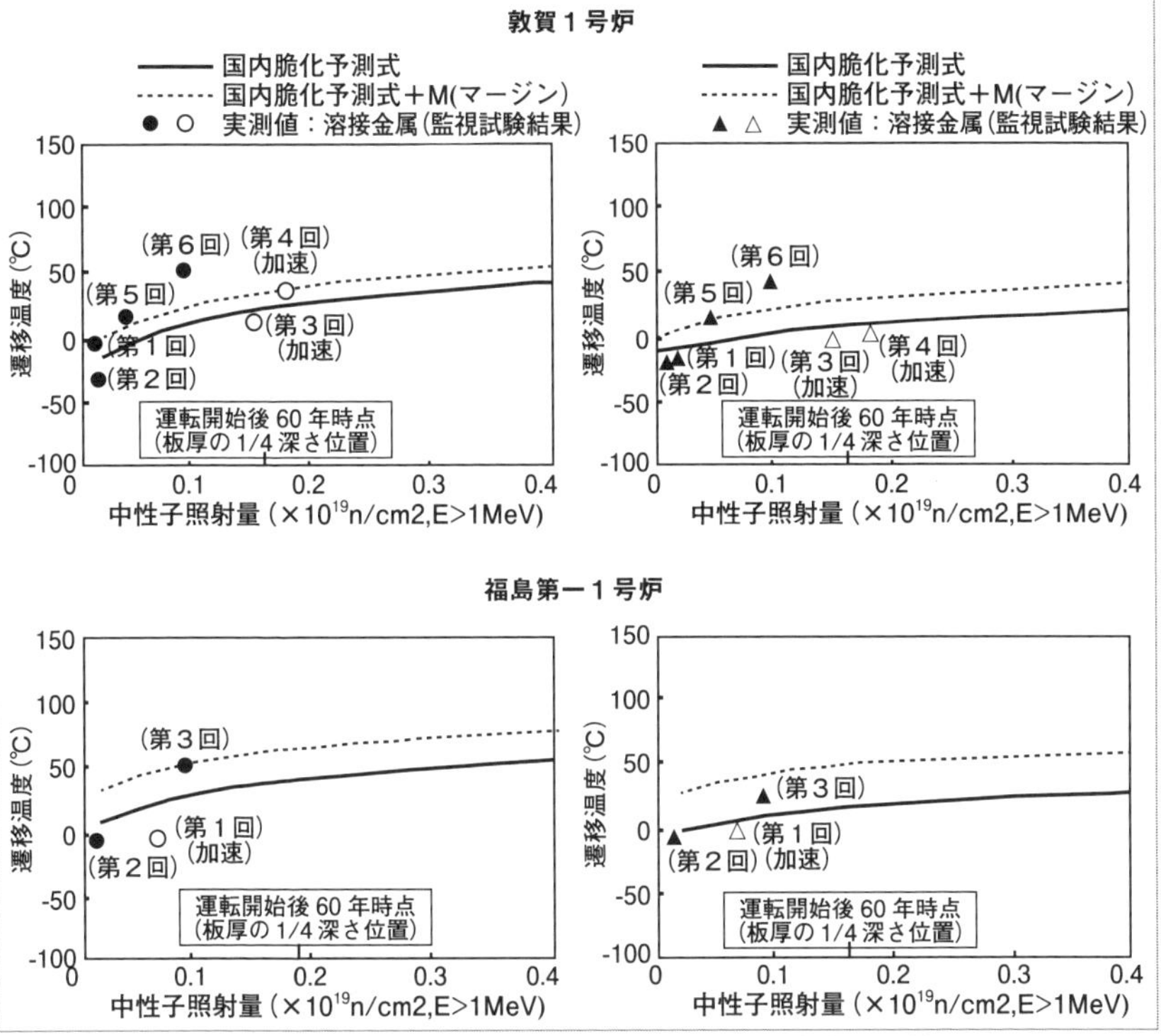

図２-７　敦賀１号炉および福島第一１号炉の圧力容器母材と溶接金属の監視試験データと国内脆化予測式にもとづく曲線

照射するスピードが問題

実は、国が定めた照射脆化の監視方法（コラムで説明するＪＥＡＣ４２０１）はそういう考えを前提として組み立てられている。すなわち、現在使われている脆性遷移温度の予測式は、中性子照射量と鋼中の合金成分によってその温度が決まるとしている。図２‐７中に描いた曲線（実線）がその予測式を表す。破線は、誤差をみこんでマージンを取ったものである。

しかし、中性子照射速度、すなわち、同じ照射量でもゆっくり照射するか、速く照射するかによって結果が違ってくることが分かってきた。譬えていえば、お釜で飯を炊くのに、同じ薪の量でも、ゆっくり時間をかけて炊くのと急いで炊くのとでは、結果が違ってくるようなものである。

実際、図２‐７のデータをみると、黒マークと白マークの点とでは傾向が違うことが読み取れる。黒マークの点は四つの図とも予測曲線をとび出す傾向があるが、白マークの点はそれ以下に収まっている。

最古の原発・敦賀1号炉監視試験片データの解析

日本で最初のＢＷＲである敦賀1号炉には、比較的多くの監視試験片が挿入されている。そのデータを詳しく調べてみよう。図２‐７の左上の図に載せた６個の母材のデータのほかに溶接熱影響部（ＨＡＺ）の６個のデータがあり、それぞれ通常照射と加速照射のデータがある。図２‐８にはそれら12個の監視試験片データがプロットされている。現在、監視に使われている脆化予測曲線は、照射速度の違いを考慮に入れず図中の破線のように求められている[12](母材とHAZの予測曲線は同じとしている)。

ところが通常照射の観測データはこの予測曲線に比べ大きく上方へはずれている。通常照射のデータ点のみを使って最もよく載るように引いた曲線が実線である[13]。現行予測曲線とは異なり急激な上昇がみられ、運転開始後60年時点での予測値は90度に達する。現行予測曲線でのたかだか30度前後という値とは大きく異なる。この90度という温度は緊急炉心冷却をした場合の危険域に入ってい

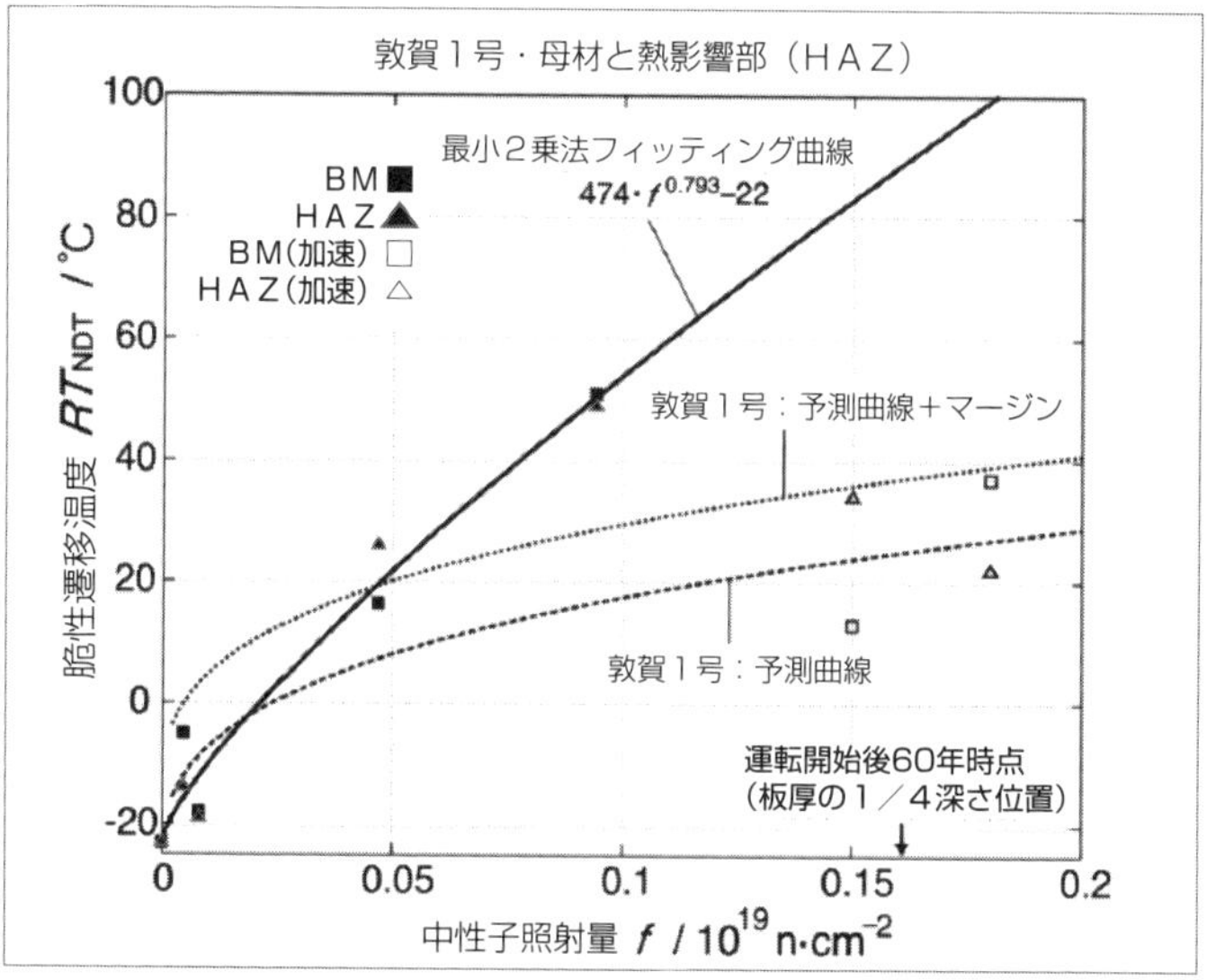

図2-8　敦賀1号炉の圧力容器監視試験片データのうち、通常照射データ点のみを用いて筆者らが最小二乗フィッティングした曲線[13]。
破線は事業者による脆化予測線。

コラム2　現行照射脆化予測式の考え方

マニアックな関心をお持ちの方に、この照射脆化予測式を「原子炉構造材の監視方法（JEAC4201-2004）」―日本の発電用原子炉の圧力容器鋼材を監視・評価するための基本の規定―に従って紹介しておこう。脆性遷移温度をRT_{NDT}と表すと、

$$RT_{NDT} = RT^0_{NDT} + \Delta RT_{NDT\,計算値} + M$$

ここでRT^0_{NDT}は中性子照射を受ける前の材料の脆性遷移温度で$\Delta RT_{NDT\,計算値}$が照射による上昇予測値である。Mは、詳細を省くが誤差を考慮したマージンである。ここで、脆性遷移温度の上昇量$\Delta RT_{NDT\,計算値}$は

$$\Delta RT_{NDT\,計算値} = [CF] \times F(f)$$

というように、化学成分による因子$[CF]$と中性子照射量fの関数$F(f)$の掛け算で表されている。

母材に対しての予想式は、

$$\Delta RT_{NDT} = [CF] \times f^{0.29 - 0.04 \log f}$$

$$[CF] = -16 + 1210 \times P + 215 \times Cu + 77\sqrt{Cu \times Ni}$$

であり、溶接金属に対しての予想式は、

$$\Delta RT_{NDT} = [CF] \times f^{0.25 - 0.10 \log f}$$

$$[CF] = 26 - 24 \times Si - 61 \times Ni + 301\sqrt{Cu \times Ni}$$

としている。fは中性子照射量$10^{19}\mathrm{n/cm^2}$を1に規格して表してある。

これらの式は何ら理論的根拠をもつものではない。材料試験炉や実機での監視試験データを統計的に整理して導いたものである。しかし、ちがう照射条件で得られたデータを混ぜこぜにして統計処理したものだ。材料試験炉でのデータは、BWRやPWRの実機に比べて2～4桁も速い照射速度で照射して得られたものである。BWRで30年かかる照射量をたった1日で与えてしまうというような実験である。照射速度効果があることがはっきりしてきたのだから、こんなデータは使ってはいけないのだ。こういうデータから導かれた脆化予測式も使ってはいけないのだ。なんでこんな加速照射データを使わざるを得なかったか。それは、BWRのような遅い照射速度の長時間データは、同じ位時間をかけないと得られない、それでは現在進行形の原発には間に合わないからである。

るのではなかろうか。このように照射速度効果を取り入れない現行の予測式、さらにそれをもとにした監視方法の考え方自体が現実と合わなくなっているのである。

照射速度効果の原因

照射速度効果はなぜ生じるのか。そのことも分かってきた。図2-6に示したように、照射硬化を引き起す原因は、格子欠陥クラスター（空孔クラスターと格子間原子クラスター）の形成と不純物原子クラスター（銅クラスターなど）の形成の二つがある。この2種類のクラスターのでき方が照射を行う速さ（あるいは照射時間と言ってもよい）によって違ってくるのである。不純物クラスターはゆっくり照射したほうがより多く形成される。これが照射速度効果が生じる理由である。現行の照射脆化予測式にはこの効果が全く考慮されていない（コラム2参照）。

圧力容器の寿命延長はこの時代遅れの間違った予測式で行われている

各事業者は、この時代遅れの間違った脆化予測式で寿命延長後の圧力容器の健全性を評価し、経産省の「高経年化対策検討委員会」はそれを追認し、60年寿命延長へのお墨付きを与えている。各事業者から提出されたデータと脆化予測式を比較・検討した委員会は「高経年化技術評価に用いられた予測式は、概ね最新の監視試験データを適切に予測しているが、照射量の少ない領域ではばらつきが比較的大きいことから、監視試験の充実及び最新知識の活用により予測式の最適化を図るべきである」という結論を出した。(12) さすがに敦賀1号機の例で示した予測式からのはずれは無視できなかったが、それは「ばらつき」だというのだ！

読者に判断していただくために、敦賀1号炉母材のデータと合わせてその委員会で報告された敦賀1号炉の溶接金属と福島第一1号炉の母材及び溶接金属についての四つのグラフをもう一度みていただこう（図2‐7）。いずれの図でも、加速照射と通常照射のデータ点は違った傾向を示し、通常照射データは照射量が少ないにもかかわらず、脆性遷移温度の上昇は大きくなっている。予測曲線からは明らかにとび出しているのがみてとれよう。通常照射データのみをつなげば図2‐8と同じような傾向の曲線が得られる。

虚心にながめれば、誰でも気づく明らかな異常を、専門家がいないわけでもない検討委員会は、なぜ「ばらつき」などというのか。この審査が行われた二〇〇五年六月当時の委員長は宮健三慶応大学教授（元東大原子力工学研究施設教授）である。また、実質的な審査を行ったとみられる技術専門小委員会の委員長は関村直人東大大学院工学系研究科教授で、原子炉材料と照射損傷の専門家である。この専門家たちは無知なのか、無恥なのか。

委員の顔ぶれは「金太郎飴」

この委員会にはほかにも電力会社や原子炉メーカーの技術部門の偉い人たちが入っている。審査を求めている事業者・業界のメンバーと国の審査機関のメンバーが重なっていて、公正な審査ができるのだろうか。公正な結論をだす上で、委員長格の大学の先生方の責任は特に重いはずだ。しかし、こういう委員になる人たちの顔ぶれはおよそ「金太郎飴」である。原発関連の他の委員会にも決まって顔を出す。

中越沖地震で柏崎刈羽原発が損傷を受け、その後始末に「中越沖地震における原子力施設に関する調査・対策委員会」（委員長：班目春樹［東京大学大学院工学系研究科教授］）が発足（二〇〇七年七月三十一日）したが、宮教授と関村教授はここでもワーキンググループの主査となった。宮教授は新潟県の技術委員会の委員長も務めていたが、「中越沖地震は歴史的な実験になった」という軽率な発言によって国と県の両委員会とも委員を辞任した。

この3人はいずれも東大原子力工学科という、その上の名誉教授世代から連綿と続く原子力行政「御用」学者の系譜に連なっている。東大以外にも原子力関連の研究者はたくさんいるが、脇役であるか、ほとんど審議会などにはタッチしていない人が多数である。そういう役につくことを快しとしない人も多いのであろうが、御用を務めればそれなりに研究費なども潤沢になってくる。なんであの人たちだけにお金が落ちるのかと疑問の声も高い。原子力予算が国策として優遇されているのは周知のことだ。

こういう人たちが行う運転延長の審査は、「延長ありき」の事業者の申請をそのまま追認するもので、安全性・公正性に疑問を抱かせるものである。アメリカでは、安全上不安の大きい原発や経済性の低い原発は閉鎖された（コラム3参照）。日本では、老朽化原発の閉鎖が選択肢になっていないこと自体が異常である。

コラム3　米・独・仏・日の年度別原発建設台数：運転中と廃炉

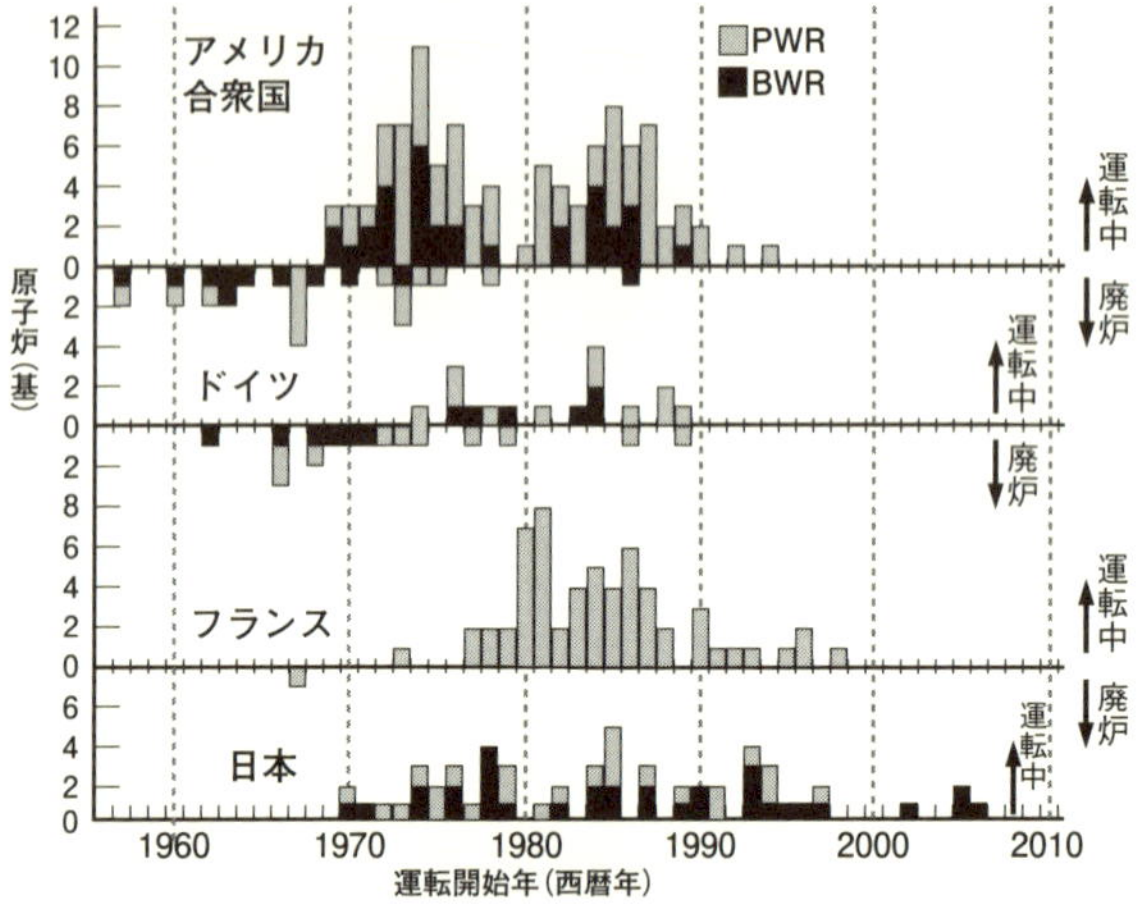

図　主要国の年度別原発建設台数（商業運転開始年）[1]。運転中の台数を上向きに、閉鎖された原発を下向きに示した。BWR・PWR以外の研究炉などは省いた。イギリスやロシアは炉型が違うので示さなかった。

図は、アメリカ・ドイツ・フランス・日本の原発建設台数を年度別に示したものである[1]。これをみると、脱原発を明確にしているドイツではほぼ半数の16基がすでに閉鎖され、アメリカでも初期の原発を中心に23基が閉鎖されている。フランスは遅れて建設が始まったこともあり、閉鎖は1基のみである。

日本の原発建設は、アメリカに遅れること約10年だが、1968年までに建設されたアメリカの原発はすべて閉鎖されたので、日本は“老朽化”原発の先進国になりつつある。70年代に作られた原発が次々と老齢化を迎えているのだ。

(1) IAEA PRIS(Power Reactor Information System)
http://www.iaea.org/programmes/a2/index.htmlをもとに作成

4 地震で材料は強くなるという珍説——柏崎刈羽原発被災の後始末は大丈夫か

二〇〇七年七月十六日の中越沖地震で柏崎刈羽原発は大きな被害を蒙った。敷地は波打って陥没し、ダクトはひん曲がり、変圧器の火災も起こった。しかし、東京電力は、原子炉やタービンなどの重要機器に大きな損傷はないとみている。本当にそうだろうか。現在は調査が進行中で損傷の全体像はまだ明らかになっていないが、その調査・点検のやり方には大きな疑問がある。再開を前提として調査を進め、目視や非破壊検査（超音波や浸透液などを使い被検査物を物理的に破壊せず行う検査法）で分からないところは、コンピュータによる応力解析で推測をしてOKを出そうという姿勢が見え見えである。

東京電力の「点検・評価」の本質

東京電力の行う点検・評価の方法は、目視点検や非破壊検査などの実物の検査（設備点検）と計算による発生応力の解析（地震応答解析）の二つを組み合わせたものである。ここには、その発想の原点が露骨に表れている。まず設備点検では、大ざっぱに基本点検をやって「異常なし」となったものはそのままOKとなる。また、地震応答解析では、解析結果が「評価基準を満足する」ものはそのままOKとなる。一方、「異常あり」や「評価基準を満足しない」となったものについては追加点検をやってOKに導くチャネルを開いている。

その追加点検の考え方がまた都合よくできている。設備・機器によって地震波の減衰率を1パーセントから3パーセントまで操作することができるようになっていて、設備基準を満足しないとなるとこの減衰率を大きくして基準内に押し込んでしまうというあこぎなことが可能な手法である。減衰率というのは、地震波が機器や配管に入ったときに、揺さぶられる振動がどのぐらいの時間割合で小さくなってゆくかという目安を示すものである。実際の減衰率は測定できないので、経験に照らして計算上ある値を設定して設計を行うのであるが、実際の減衰率が分からないからと言って、その値を勝手に操作していいものなのかどうか。いくつかの仮定のもとに行うコンピュータ解析がどこまで信用できるのか、いつも議論になるところである。コンピュータによる解析だけで大丈夫だということはできないので、現実とのつき合わせが必要になる。それが目視点検であり非破壊検査である。

しかし、目視点検や非破壊検査で分かることは限られている。機器にひび割れが生じていれば、超音波検査（UT）や浸透液を使った浸透検査（PT）などの非破壊検査で見つけ出すことが可能である。しかし、ひび割れに至る途中の塑性変形（ひずみ）をこれらの方法で見つけることはできない。

以上のように、「設備点検」も「地震応答解析」も、現実の機器で起こったことの健全性評価＝安全性確認の決定打にはならないということになればどうなるか。廃炉しかない、となる。そこで廃炉を避けようと先回りして問題提起したのが小林英男氏（元東京工業大学教授）の「運営管理・設備健全性評価ワーキンググループ」第１回会合での発言ではなかったかと思う[15]。

ワーキンググループでの驚くべき議論

被災した柏崎刈羽原発の設備健全性を評価する委員会（ワーキンググループ）では驚くべき議論がなされている。少し長くなるが議事録からそのまま引用しよう[15]。

○小林（英）委員　さっきから皆さんから、耐震基準だとか設計基準に照らした検討、それも必要だと思うんですけれども、私はむしろ、今まで想定していない非常に大きな地震を経験して、それでいて何が起きていますかというその評価が一番重要だと思うんですね。具体的に言ったら、今のいろいろな設計だとか解析で、裕度というのが非常に大きく入っているわけですね。それを一切除外する。それから、材料強度だったら、規格最小値というのは、そういう使い方しか現実にはしていないわけですね。そうではなくて、実力としてどんな強度をそもそも持っているのか。そういうことで、今の非常に大きな地震を受けて、一体構造としてどんな挙動をしているのかと。ＩＡＥＡの指摘がまさにそうだと思うのですね。どのように耐えたか、それが基本的には一番重要だと思うんです。それがわかってくると、多分それは、後の話として耐震基準とか設計基準の見直しということに役に立つ。そういう意味で、できるだけ従来の規制だとか規格にとらわれない技術、最新の科学技術で実力値を使って評価を是非実行していただきたい。それが希望です。その意味は、多分降伏点を超えて塑性変形するとかで、損傷、損傷という言葉が出ているんですけれども、それは多分違うと思うんです。非常に大きな塑性変形を受けたとしたら、かえって強くなるという問題で、損傷という心配はむしろないと思うんです。それは従来の耐震基準とか設計基準の中ではそういう考え方はないわけです。ないけれども、我々、日本にいると、こういう想定外の地震を受ける。大橋先生はあり得ないと言いましたけれども、私はこういうのを2回、3回経験するのではないかと思っているわけです。では、2回、3回経験するということに対して、我々が本当に2回目は大丈夫ですよということを言い切れるかどうかという問題。そういう新しい視点を入れていくべきだと思うんですね。それで、現在の機器に何が起きていますかという現在の我々の持っている科学技術でベストの答えを是非期待したい。逆に言うと、我々はそういう観点からは幾らでもお手伝いできますということだろうと思うんですね。要するに、耐震基準とか設計基準という話は、その後の話にしていただきたい。現状の耐震基準とか設計基準でいいとか悪いとかという話は、ほとんど今の問題に対して役に立たないと思うんです。アウトという答え以外出てこないのであって、それを是非お願いしたいと思います。

○関村主査　ありがとうございました。非常に重要な御指摘でございますので、今後、予断をもたず進めていくという中で是非取り込んでいきたいと考えています。

この発言の問題点は二つある。

機器の「実力値」？

一つは耐震基準とか設計基準とかは後の話にして、機器の「実力値」で評価をやろう、そういう新しい視点を入れてベストの答えを期待したいと言っていることである。平たく言えば、耐震基準や設計基準ではアウトという答え以外出てこないけれども、実際はセーフなんじゃないのか、そういう新しい考えで評価せよ、と読める。これは安全性を無視した非常に危険な考え方ではないか。

地震で材料は強くなる！

もう一つは、「損傷、損傷という言葉が出ているんですけれども、（中略）非常に大きな塑性変形を受けたとしたら、（金属材料は）かえって強くなるという問題で、損傷という心配はむしろないと思うんです」と発言していることである。これは本気だろうか？

図２‐９に示すように、塑性変形をすると材料の変形応力（材料が耐えられる力）はＡ

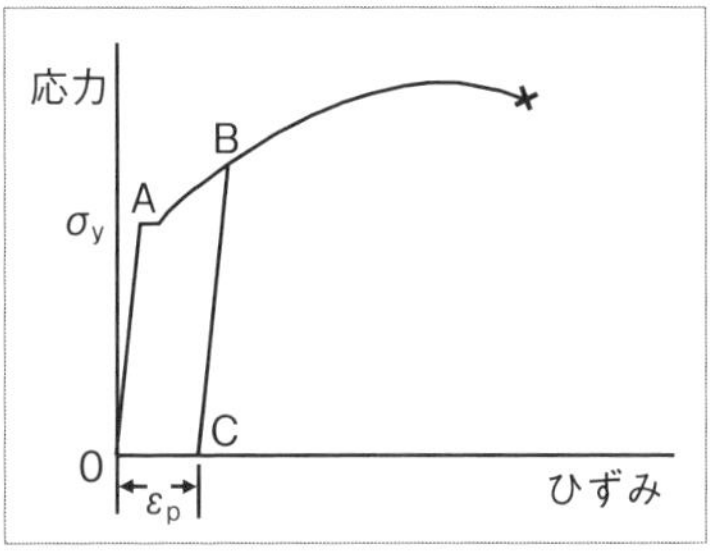

図2-9 金属材料の応力とひずみの関係

応力ひずみ曲線（金属材料に力をかけたときの変形の様子）を模式的に示す。A 点の降伏点までは弾性的に変形し、そののち塑性変形を起こす。B 点まで進んだときの塑性変形の量を ε_p で示す。塑性変形が進むと硬くなり変形に要する力は大きくなる（A 点より B 点の方が硬い）。さらに変形を進めると硬化が進み破断する（×印）。

からBへ大きくなり、材料は強くなったように見える。しかし、さらに塑性変形を続ければ材料は×印の破断点へ向かうのであって、B点はその途中まで進んだことを意味する。このように塑性変形を受けた材料は破断まで持ちこたえる力が減ってしまう。ということは、材料が外部の力（地震動など）を吸収できなくなることを意味する。この吸収エネルギーは耐震設計においても重要なファクターであり、吸収エネルギーが減ればそれだけ弱く、脆くなってしまうのである。

塑性変形によって金属材料は強くなるのではなく、硬化するのである。硬化というのは脆くなることへのステップである。人のからだが動脈硬化を起こしたとき誰も血管が強くなったとは言わない。こういう、金属材料は塑性変形で強くなる、損傷という心配はないというような認識で健全性を評価されてはたまらない。

「たわごと」が方針になった

このワーキンググループの会合を傍聴していて、単に一委員の「たわごと」に過ぎないかとも思ったが、驚いたことに原子力安全・保安院はこれを真に受けて今後の評価に取り入れるというまとめを行っている。「第1回運営管理・設備健全性評価WG資料に対する意見等を踏まえた対応について（その1）」（二〇〇七年十月二日）で次のように質問を要約し、保安院として答えている。

【問】経験した地震に対して、機器が実力としてどのような挙動をしたか、どのような応答をしたかについて確認する必要がある。どうして耐えたのか、塑性化すると強度は増す。規格にとらわれない実力値で評価するといった新しい視点をいれた評価を期待する。その結果が耐震基準、設計基準に役に立つ。(小林委員)

【答】外観上特に損傷が認められない機器について、地震による応答が認可された工事計画上の耐震設計における許容応力を超える場合には、御指摘のとおり、機器の実力としての評価を行う必要があると考えている。

いったいどういう評価をやろうとするのか。何が分かるというのだろうか。機器に塑性変形(ひずみ)があってはならない、塑性変形した機器や材料はもはや使うべきでない。これは鉄則であろう。それを踏みはずすというのだろうか。

その後の東京電力の設備点検・解析の進め方をみると、比較的地震の揺れの小さかった7号機・6号機を優先的に進め、まず、その運転再開を目指している。しかし、目視点検や非破壊検査で損傷がみつからなくても、材料がところどころ塑性変形を起こしている心配は消えない。表面の硬さ試験などによって塑性変形の有無を調べるとしているが、硬さ試験は精度が悪く2パーセント程度以下の塑性変形は多分みつけられない。そこで、塑性変形があっても大丈夫だという小林発言が役立つ。

事実、その問題を新潟県技術委員会の「設備健全性、耐震安全性に関する小委員会」で追及されて、東電の山下和彦中越沖地震対策センター所長は、「もともとモノは加工してつくるものだ。8パーセントぐらいの変形があっても材料特性は変わらない」と答えた。材料は加工後熱処理して製品にするのではなかったのか？ 8パーセントも塑性変形を受けた材料は、もとの材料とは別物だと考えるべきだし、モノに組み込まれた材料がそんなに変形してどうなるのだ！ こういう考えでアフター・ケアをされるのでは心配でたまらない。

今度、揺れの激しかった3号機や4号機の設備点検・解析が進められるにつれ、機器の大きな損傷や塑性変形の存在が明らかになるのではないかと思われる。山下所長の暴言はそのような事態が明らかになったときの予防線を張っているのだろうか。あるいはすでにそういう事実がみつかりつつあるのだろうか。

設備・機器の経年劣化と苛酷な地震動のダブルパンチ

原子力発電所には、原子炉を中心に圧力容器とその炉内構造物があり、圧力容器には多数のノズルや配管等々が取り付けられている。原子炉建屋からは主蒸気管がタービン建屋へ連なっており、タービン建屋にはまたタービンや発電機をはじめとするさまざまな重要機器があり、多くの配管が張り巡らされている。しかも、柏崎刈羽原発の運転開始は1号機が一九八五年で20年以上、最も新しい7号機（一九九七年）でも10年を経過しており、設備・機器の経年劣化も起こっていると考えられる。2節で述べたように配管溶接部には応力腐食割れが頻発したが、配管溶接部に熱応力が残留している可能性は大きく、それら多数の配管接合部が地震によってひび割れを起こしていないかどうか、塑性変形を生じていないかどうか、懸念される。予期せぬ苛酷な地震動に見舞われたこれらの機器類が健全に設計当初の状態を保っているのかどうか、経年劣化と地震の影響の両方を考えねばならぬことは国際原子力機関（IAEA）の調査団も指摘している。そういうダブルパンチを受けた機器の健全性評価をきちんとやるには膨大な時間と手間がかかるであろう。それに伴う被曝労働も懸念される。

コストを優先して手間・暇を惜しんできた東電がどこまできちんと必要十分な点検をやるのだろうか。その調査結果に対して保安院や「調査・対策委員会」が事業者の立場に偏らない公正な判断を下せるのだろうか。

5 工学は価値中立的か

3節と4節のなかで、具体的に名前をあげて国の委員会などでの専門家たちの審議に疑問を呈した。読者のなかにはなるほどそうなのかと思われた方もおられようし、いや、私の書いていることは一部の事例に過ぎず誇張されたものではないのか、全体としてはそれなりにまともな審議が行われているのではないか、と私の論調に納得されない方もおられよう。そこで、少し一般論となるが、技術や工学というものについて私の考えを述べ、一緒に考えていただきたいと思う。

専門家の知識は客観的で正しいか

数年前、ある学会（日本金属学会）のシンポジウムで次のような報告があった。原子力発電の安全性と遺伝子組み換え（GM）食品の安全性について、原子力専門家とバイオ専門家と一般市民を対象にアンケート調査を行ったところ、原子力専門家は原子力発電の安全性を高く評価したが、GM食品にはそれより低い評価を与えた。一方、バイオ専門家はGM食品の安全性には高い評価を与えたのに対し、原子力発電には一般市民と同程度の低い評価を下した[16]。こういう対照的な結果になったのは、彼らが日頃接する情報の質の違い、つまり、専門家として接する情報かマスコミ情報かという違いによるのだろう、という結論であった。

私はこの講演を聞いて、即座に、これは情報の質の違いよりも立場性の違いによるのではないのかと思った。ある職業に就いている人が、自分の飯の種であるその職業を肯定的に評価し、ときには強い偏った意見に捕らわれながら自分の立場性に気づかない、ということはしばしばあることだ。

しかし、問題はもう少し深いところにあるように思う。専門家が接する情報とマスコミ情報とは質的にどのように違うのか。一般には、専門家が持っている情報のほうが正確で真実に近く、マスメディアが流す情報は不正確であてにならないと考えられている。本当にそうなのか。専門家集団が生み出し、接している情報とはどのようなものなのか。

これらの専門家集団は理系の学問の一分野を構成している。原子力の専門家は、原子力工学という工学の一分野を構成し、機械工学や材料工学という隣接分野と密接な関係にある。バイオの専門家集団も、似たような状況だろう。では、そこで生み出される知識や情報は、客観的で中立的なものと考えてよいのだろうか。つまり、その知識の総体は、それに携わる専門家の立場性や利害関係に左右されない内容であると考えてよいのだろうか。

専門家が依拠するその分野の基礎知識は、教科書やハンドブックに凝集されている。そこにはおおむね正しいことが書いてある。それに基づいて仕事を進めればおおむね失敗することなく目的のモノ（機械など）が作れる、という意味で正しいことが書かれている。その知識の体系は、科学の論理や経験に裏打ちされており、ある専門家個人の主観や願望で変えられるほどやわなものではない。その意味で専門家個人の価値観とは独立しており、その知識体系は価値中立的に思える。

工学は「ものづくり」に縛られた学問

しかし、それはものをつくるために正しいことが書いてあるのであって、「ものづくり」という目的性を持った知識の体系である。したがって、「ものづくり」の観点から事実や法則が重要さに応じて取捨選択され、価値判断がされている。さらに言えば、その知識の中から何を選択しどういうものをつくるかは技術者にゆだねられている。一方、そのものをつくるべきか否かという判断の基準は書かれていない。「安全性」の判断も「ものづくり」の観点からなされる。社会や自然環境にひどい被害を与えるようでは、ものはつくれない。しかし、ものをつくるという前提をはずした立場で、より広い社会的観点から、そのものの是非を含めて「ものづくり」が進められている、というわけではない。

工学というのは、ものをつくるための学問である。技術は「ものづくり」を目的とする。だから、「ものづくり」の結果がどういう影響を社会や自然に与えるか分からないときには必ずといってよいほど、目的である「つくる」ほうに傾いた結論になる。安全かどうか分からないというグレー・ゾーンがあれば、必ずつくる側に有利なように結論をもってゆくのが工学だと言ってよい。企業の利害と絡んで「つくること」が至上命令となれば、データを操作してでも安全だという結論へともってゆく。事業者の行う環境アセスメントが「アワスメント」などと揶揄されるゆえんである。もちろん、こういうインチキは技術倫理上許されることではない。しかし、そういう逸脱が跡を絶たないのは企業やエンジニアの倫理観の欠如とともに、工学のそういう性格が反映されているからではなかろうか。

工学だけでなく、農学や医学・薬学などの理系のいわゆる実学は、ものを実現することを目的にして専門分野の活動が行われていることが多い。だからそれらの各専門分野を融合して知識の幅の狭さをとっぱらおうとしても、実現に向けての「いけいけどんどん」の性格は変わらないから、安全性などの観点は二の次となり「ものづくり」が孕んでいる基本的な社会的矛盾は解決されない。

「グレー・ゾーン」の問題

グレー・ゾーンであれば必ずつくるほうに結論をもってゆくのが工学であると書いた。柏崎刈羽原子力発電所の問題を例に考えてみよう。この問題は、そもそも、いい加減な調査で地震地帯のなかの劣悪地盤の上に原発を建てたことが間違いだったのだ。こういう場所に原発を建てたのは「限りなく黒に近いグレー・ゾーン」の問題だったと言える。まさに東京電力や国の審査委員会がやったことは「アワスメント」だったのだ。地震後、さまざまな隠しごとが明るみにでた。基準地震動を決めるさいには、この地震の震源断層とされる海底の「F‐B断層」はまったく考慮されなかった。一九七九年、2、3号機の建設にあたって、この断層は長さ7～8キロメートルで、しかし活断層ではないとして、原発建設をすすめた。その後、二〇〇三年六月に20キロメートルの活断層と修正したが、東京電力もその報告を受けた原子力安全・保安院も公表しなかった。二〇〇七年十二月になってようやく、「F‐B断層」は長さ23キロメートルの活断層と公表した。さらにこの三月、長さを30キロメートルに延長し、それでとどまらず、4度目、四月二十八日に34キロメートルとし、5度目、八月六日に36キロメートルと修正した。

今また、東京電力が行いつつある地震後の「設備健全性評価」でも同じことが繰り返されようとしている。予想を大幅に超える地震動に曝された原発の重要設備・機器は強い力を受け内部に大きなゆがみを抱えたに違いない。しかし、設備や機器に蓄積されたゆがみや損傷は、東電が行いつつある外側からなでまわすような方法（目視検査や非破壊検査）では分からない。よほど大きな傷や変形は分かるが微視的な金属組織レベルでのゆがみは検出できない。しかも、そういう目に見えない微視的な欠陥から発して機器が破損するに至るというのが、金属疲労など材料に起因する事故の特徴であることは、前節までに述べたことから理解されよう。

こういう微視的な欠陥があるかどうかは、原子炉や周辺機器を取り壊して金属組織検査や破壊強度検査、最新の機器分析を行えば相当程度分かるはずだ。しかし、東電の点検計画や原子力安全・保安院の「設備健全性評価」計画ではそれは極力やらない方針である。なぜなら、それは究極には原子炉を解体しなければできないからだ。廃炉にして調べるという発想は、東電のエンジニアの頭には浮かばないだろう。ものをつくる（この場合は設備を再稼働させる）ことが技術者の役割であって、事実がどうなっているかを知ることが目的ではないからだ。

私たちは、地震直後に「柏崎刈羽原発の閉鎖を訴える声明」を出し、運転再開を前提にした調査ではなく、「閉鎖を視野に入れた客観的な科学的・技術的見地から事後処理として調査を行うべきこと」を求めている。それが地域住民を含めてのコンセンサスを得るために当然なことだと考えるからだ（詳しくは、「柏崎刈羽原子力発電所の閉鎖を訴える科学者・技術者の会」のURL.http://kkheisa.blog117.fc2.com/をご覧いただきたい）。

グレー・ゾーンがある場合、安全性を重視するか、経済性や利益を重視するか、それは考え方や価値判断の問題であって、工学や技術のタッチすべき問題ではない、とよく言われる。工学や技術は中立で、判断のための客観的な材料を提供するだけであると。しかし、今の例で言えば、非破壊検査はするが運転不能に至るような破壊検査は除外される、さらには、その非破壊検査も検査がしやすい場所だけで済ます、ということであれば、それはすでに価値中立的ではない。工学はそのような「ものづくり」に視点を限定した学問体系であり、それを現実化するのが技術だということになる。そういう工学や技術の体系は、根本から見直されねばならないのではなかろうか。

原発の問題に戻れば、どうすれば原発を建設できるか、どうすれば運転をできるかということが技術者の目的になる。技術者がその役割を超えて、その是非や得失を論じるのは役目ではないとなる。技術者をバックアップしている工学者も同じであることが求められる。産・官・学は産業部門ごとに一体となってその推進を担い、利害をともにするトライアングルを形成しているからだ（それに疑問をもつ少数の個人を内包しながら）。

研究者・技術者の職業感覚は？

先に紹介した原発の「高経年化対策検討委員会」の審議についてもう一度、考えてみよう。虚心にデータを読めば、圧力容器脆性遷移温度の上昇が予測曲線からはずれていることに気づくはずだ。通常照射と加速照射とでは傾向が違うことにも頭の良い委員たちだから考えが及ぶであろう。それにもかかわらず、「ばらつき」だとしてしまうのはなぜか。原発の寿命延長を業界が求めているからである。

とはいえ、やみくもに認めるわけではない、ちゃんと規則が味方をしてくれている。現行の監視試験方法には通常照射と加速照射を区別せよというようなことは書いていない。両方のデータをあわせて予測曲線を引いてよいことになっている。その前提に立てば図2-7や図2-8にみられるように、通常照射のデータ点は上方にはずれているが、その先にある加速照射のデータ点は元に戻っているから、「ばらつき」は大きいけれども予測式に沿っているということになる。

科学的に探究してゆけば、この予測式は正しくないことがやがてはっきりするだろうと彼ら（委員会審議の中心になっている関村直人氏などの専門家）は考えているに違いないと私は想像する。それなのになぜ「ばらつき」などと結論するのか。それは現行の規則＝判定基準がそうなっているからである。その規則に従って判定を行うことが求められているし、それに従っていれば責任を問われることはないからだ。しかし、当然ながら、現実と合わない予測をすることによって安全性を低下させていることとの社会的責任は問われるべきである。

最近の動きとして、ますます現実や最近の科学的知見と合わなくなりつつある現行の予測式は、よりましなものに改定されることになり、新しい規定（JEAG4201-2008）が準備されつつある。それは、照射速度効果を取り入れた内容になっている。この新しい規定を使うと、今までの予測を大幅に変えなければならない原発がいくつかあるはずだが、そういう「うしろ向き」（?）の議論はされず、するりと新しい規定に移行する様子だ。関係者たちは、正しくない予測式を（そうと知りながら）使っていたことには何ら痛痒を感じていないだろう。知見が進み、基準が改定され、より正しくなったのだから、それでよいではないか、と考えていることだろう。

私はそれと似た場面に、やはり原子炉圧力容器の照射脆化を論じた研究会（京大原子炉実験所で開催された短期研究会）で、出くわしたことがある。寿命延長によって原子炉内に入れてある照射監視試験片の数が各原発で足りなくなってきていて、照射脆化の進行を十分把握できない。その対策として、使用済み監視試験片の一部を切り出して再利用する研究が行われている。試験片サイズが小さくなるから、そのままの実験データは使えず、元のサイズの試験片と比較対照して使えるよう研究を進めている、という報告があった。

私は、一方で試験片が不足したまま原発の運転を続けていて、そういう研究をやっているというのは矛盾していないか、という趣旨の質問をした。それに対する電力中央研究所の研究者の答えは、試験片の数が少なくてもその範囲でベストをつくして照射脆化を把握すればよい、この研究が実用化できればより正確に把握できるようになる、そのときの研究レベルに応じて対策を講じ、運転をしてゆけばよい、というものであった。

この場に居あわせた研究者が、この答えをどう思ったかは伺っていない。一般的に、この種の答えに大多数の研究者・技術者は違和感を抱くことはない、むしろ違和感を抱くほうがヘンだという感覚なのではなかろうか。しかし、原発を止めるなどということは念頭にないその感覚を、市民の立場で考え直してみることこそが研究者・技術者には必要ではなかろうか。

ご都合で設計基準を破られてはたまらない

さて、工学は「いけいけどんどん」でものづくりを進める学問だと私は書いた。しかし、誤解を与えてしまってはいけないのは、やみくもに安全性を無視してものづくりをしているわけではない、ということである。建築にせよ、構造物の設計にせよ、考えられるさまざまな状況において、安全性が確保されることを目的として設計をする、そのための設計基準が法律によって定められている。それでも事故が絶えないのは、設計基準に不備があったか、設計基準が守られなかったかであり、後者が圧倒的に多いのではなかろうか。

設計の現場あるいは施行の現場において、ものをつくりあげるという至上命令を遂行するためにさまざまな便法を駆使してぎりぎりの選択を行ったり、ときとして、この程度の逸脱は結果として問題にならないだろう、事故に結びつくようなことは起こらないだろうし、そのことが明るみに出ることはまずないだろう、という勘（思い込み）に基づいて（小さな）違法行為がされているからであろう。それが実は小さな違法行為でなかったというときに事故が起こる。コンクリートの鉄筋の数だって、1本、2本減らすことで事故になることは少ないが、法規をごまかしてよいということになれば歯止めはなくなる。事業者や技術者にとってコスト、納期、設計の難しさ等々いくらでも誘惑はある。その行きつく先はマンションの耐震強度計算を偽装した元一級建築士である。また、東京電力などの原発配管ひび割れ隠しである。

設計基準は当然守らねばならない。そういう観点から今度は、耐震「実力値」を主張した前述の小林発言を考えてみよう。小林英男氏が設計基準を破ってもよいなどという露骨なことを言ったわけではないであろうと信じる。設計基準どおりでなくても、あるいは、設計での想定を超える地震動を受けても、ものは壊れるとは限らないという常識に寄りかかって、原発をなんとか救えないかという発想なのであろう。巨大な資金と技術力を投資してつくった原発をオシャカにしてしまうのはなんとももったいないではないか、壊れていないかもしれないのに、という発想であろう。

だが、壊れているかもしれないのである。設備点検と応力解析という健全性評価で損傷をすべて検出することはできないことは前述した。それで設計では許されていない塑性変形が起こっていても、「材料は強くなるのだから損傷ではない」と強弁するのである。

地震などで設備・機器に変形が生じたようなとき、その原発をどうするのかといういわば「維持基準」に相当するものは、日本の法律にはない。そうであるならば、震災を受けた原発を運転再開するには、設計時と同等のチェック、つまり、設計基準に戻って設備・機器がその条件を満たしているかどうかを検査しなければならないはずである。しかし、すでに一体のものとして装置に組み込まれたり、溶接で接合されたりしている機器を設計時と同じように検査できるものなのだろうか。現在、東電が行っている点検や解析は、可能なところに限って行っているだけで万全なものとは程遠い。

柏崎刈羽原発の震災を機に、被災した原発再開のための「維持基準」を作ろうとする動きがある。

保安院が柏崎刈羽原発に対して行いつつある設備健全性評価の手法を一般的なルールにしようとする意図である。これについては、健全性評価を柏崎刈羽原発にとどめて行うのか、他の原発にも適用して「水平展開」するのか、という議論が第1回の調査・対策委員会「健全性評価ワーキンググループ」で行われていた。その後、そういう形での議論はなく、柏崎刈羽原発に特化して評価が進められているが、これを雛形として一般化ルール＝維持基準が作られる可能性がある。どういう形になるか分からないが、このやり方を既成事実化してゆくだろう。

似た事例としてシュラウド・配管のひび割れ問題があった。設計基準では機器・配管にひび割れの存在は一切認められない。ひび割れ隠しが発覚したとき、当時の東電社長は、「技術基準が実態に合っていない」という趣旨の発言をして非難をあびた。これを機に「維持基準」が導入されることになったのは、前述したとおりである。都合が悪くなったからといって、ご都合主義で判断の基準をずらされてはたまらない。

技術の是非は誰が決めるのか

技術は、歴史的に、そのときどきの社会的要請に添って発展してきた。現代の技術は、資本主義経済システムに適合し、急激に巨大化した。原子力産業もその中で誕生した。技術やその基礎となる工学は、自然科学的法則性に裏打ちされているので、文句のつけようのない客観的な正しさを備えたものであるかのように受け取られている。しかし、技術はもちろん、工学もまた、社会的要請の中で「ものづくり」のための体系をつくりあげてきたものである。

「ものづくり」を目的とした工学の体系は価値中立的なものではない。それは、社会と接点を持つ中で、つねにその有効性を試され、その存在意義を評価されるものである。ある技術が十分安全なものかどうか、環境に悪影響を及ぼさないかどうか、総じて有用なものなのかどうか、その答えは、工学のなかにあるのではなく、より広い枠組みでの知見や価値判断のなかにある。工学は判断の素材の一部を提供するが、答えは提供しない。原発に即していうならば、原発を安全なものと考えるかどうか、その存続を是と考えるかどうかは、技術のありさまをよく見て、住民（社会）の価値判断によって決めるべきものである。

引用文献

（1）もんじゅ事故総合評価会議編『もんじゅ事故と日本のプルトニウム政策』第2章・第3章（七つ森書館、1997年）

（2）豊田正敏：『日本原子力学会誌』35巻12号、1057－1065ページ（1993年）

（3）「原子力発電設備の健全性評価等に関する小委員会」（第8回、2003年6月4日）、資料8－2、発電設備技術検査協会〝超音波探傷試験による再循環系配管サイジング（寸法測定）精度向上に関する確性試験について〟25ページ

（4）原子力発電設備の健全性評価等に関する小委員会（第10回、2004年6月15日）、資料10－3、原子力安全・保安院〝炉心シュラウド及び原子炉再循環系配管の健全性評価について（案）―検討結果の整理―〟

（5）武本和幸：〝柏崎刈羽からの現地報告〟、原子力資料情報室『老朽化する原発―技術を問う―』2005年3月

（6）鈴木俊一：日本原子力学会材料部会シュラウド等材料問題検討会（第1回、2003年3月12日開催）講演資料集（東大大学院工学系付属原子力工学研究施設刊行の資料集UTNL－R－0425所収）、51巻88号および、同メモ（議事録）1－2

（7）日本機械学会「発電用原子力設備規格・維持規格」JSME・NAI・2004、2004年4月

(8) 火力原子力発電技術協会、BWR炉内構造物点検評価ガイドライン[炉心シュラウド]、2001年11月。
(9) 井野博満：『金属』75巻5号、444〜452（2005年）
(10) 中島甫：『原子力工業』34巻5号、22・27ページ（1988年）
(11) 原子炉圧力容器監視試験結果一覧、通産省、2000年8月、ほか。国会議員の要求によって開示されるようになった。最近は各事業者のHPや高経年化技術評価報告書で公表されている
(12) 「経済産業省、総合資源エネルギー調査会、原子力安全・保安部会、高経年化対策検討委員会」（第5回）配布資料（2005年6月）
(13) 井野博満、上澤千尋、伊東良徳、『日本金属学会誌』72巻、4、261〜267ページ（2008年）
(14) 井野博満：『金属』77巻、12号、1339・1345、（2007年）
(15) 総合資源エネルギー調査会原子力安全・保安部会耐震・構造設計小委員会「第9回構造ワーキンググループ」&中越沖地震における原子力施設に関する調査・対策委員会「運営管理・設備健全性評価ワーキンググループ第3回設備健全性評価サブワーキンググループ」合同会合(2008年1月11日)配布資料3（東京電力）
(16) 土屋智子『電学誌(IEEJ Journal)』123巻、100・103ページ（2003年）

第三章　原発の事故はどう起こっているのか

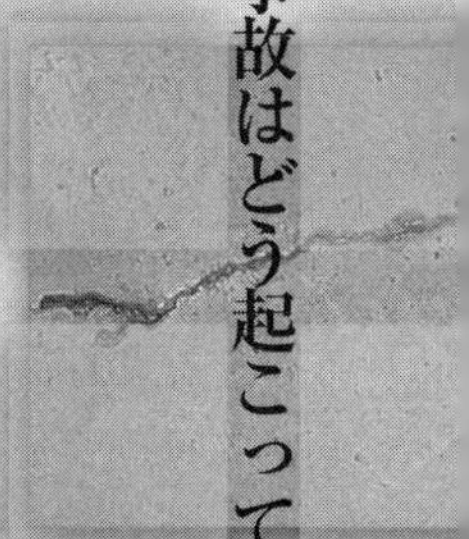

上澤 千尋

日本の原発で最近起きている事故を紹介したい。とくに運転中に起きた三つの「事故」について、原発事故はどう起こっているのか、みていこう。

1 柏崎刈羽原発を地震が襲った

甘すぎた地震想定

新潟県の中越地方、柏崎市と刈羽村にまたがってつくられている柏崎刈羽原発には、七つの原子炉がある。

二〇〇七年七月十六日、マグニチュード6・8の地震が柏崎刈羽原発を襲った。4基の原発が緊急停止した。そのうち3基（3、4、7号炉）はフル出力で運転中、もう1基（2号炉）は起動の途中だった。緊急停止しなかった残りの3基（1、5、6号炉）は、機器類の検査と燃料交換のため停止中だった。7基の原発の運転がすべて止まった。

原発の建物内には、原子炉を緊急停止させる信号を出すための地震計がいくつかおいてある。柏崎刈羽原発では、建物の一番底には水平方向と鉛直方向の揺れを感知する地震計がある。この地震計は、水平120ガル以上、または鉛直100ガル以上の揺れを感知すれば原子炉に緊急停止信号が送られるしくみになっている。この設定値の揺れの大きさは、気象庁の震度階でいうと、およそ震度5ぐらいにあたる。

中越沖地震による原発の揺れは、建物の底の位置で観測された最大値としては、号機によって322～680ガルで、震度7にも相当する。設計時に想定した揺れと比べると最大3・6倍にもなった。より詳しい解析のためには、地中での時間を追っての地震記録が必要だ。柏崎刈羽原発では1・5・6号炉の奥深くに地盤系の計測装置が設置されていたが、記録装置の不具合によって、993ガルなどその地点での最大値だけを残し、記録は永遠に失われてしまった。

かろうじて止まった原子炉

大きな揺れを感知したことにより、地震発生から数～十数秒ぐらいのうちに炉心に制御棒が挿入され、核分裂の連鎖反応が止まったものとみられている。ただ、すべての制御棒が期待された時間内に働いたのかどうかははっきりしない。2号炉と7号炉では、信号発信から制御棒挿入完了までの時間を測っており、それによれば確かに2秒以内に制御棒の長さのおよそ70パーセントが挿入されており、基準は満たしていた。しかし、3号炉と4号炉では計測装置が故障しており制御棒挿入時間が測れなかったのだ。

今から考えれば、制御棒が挿入されたことは非常にラッキーだったと思う。地震が起きたとき、原発は先に到着した縦波（P波）によって鉛直方向に大きく揺すられ、原子炉の緊急停止信号が発信された。柏崎刈羽原発の制御棒は原子炉の底から上に向かって押し上げて入れるしくみだから、たとえ大きな揺れであっても、上下の方向であったので、今回はたまたま、挿入する際にそれほど大きな障害とはならなかったのではないか。実際、地震の波の記録をみると、確かにそこそこの大きさの縦揺れのほうが、より大きな横揺れよりも数～十数秒はやく原発に到着している。

縦揺れが原子炉緊急停止信号を発信するほどの大きさでなく、原子炉停止信号が発信される前に、制御棒が入らないほどの大きな横揺れが原発に到達していたらどうなっていただろうか。

地震の揺れが原因で原子炉の出力が急上昇し、暴走しかけたことがある。一九八七年四月二十三日に発生した福島県沖地震（マグニチュード6・5）のときの福島第一原発1・3・5号炉のケースと、一九九三年十一月二十七日に発生した宮城県北部地震（マグニチュード5・8）のときの女川1号炉のケースである。どちらのケースも、地震の揺れそのものはそれほど大きくなかったため（60ガル前後）、揺れによる原子炉停止信号は発信されず、燃料集合体と制御棒の揺れが原因で出力が上昇し、原子炉の出力異常による緊急停止信号が発信され制御棒が挿入された。

ょＡＢＷＲの６・７号炉のもの）

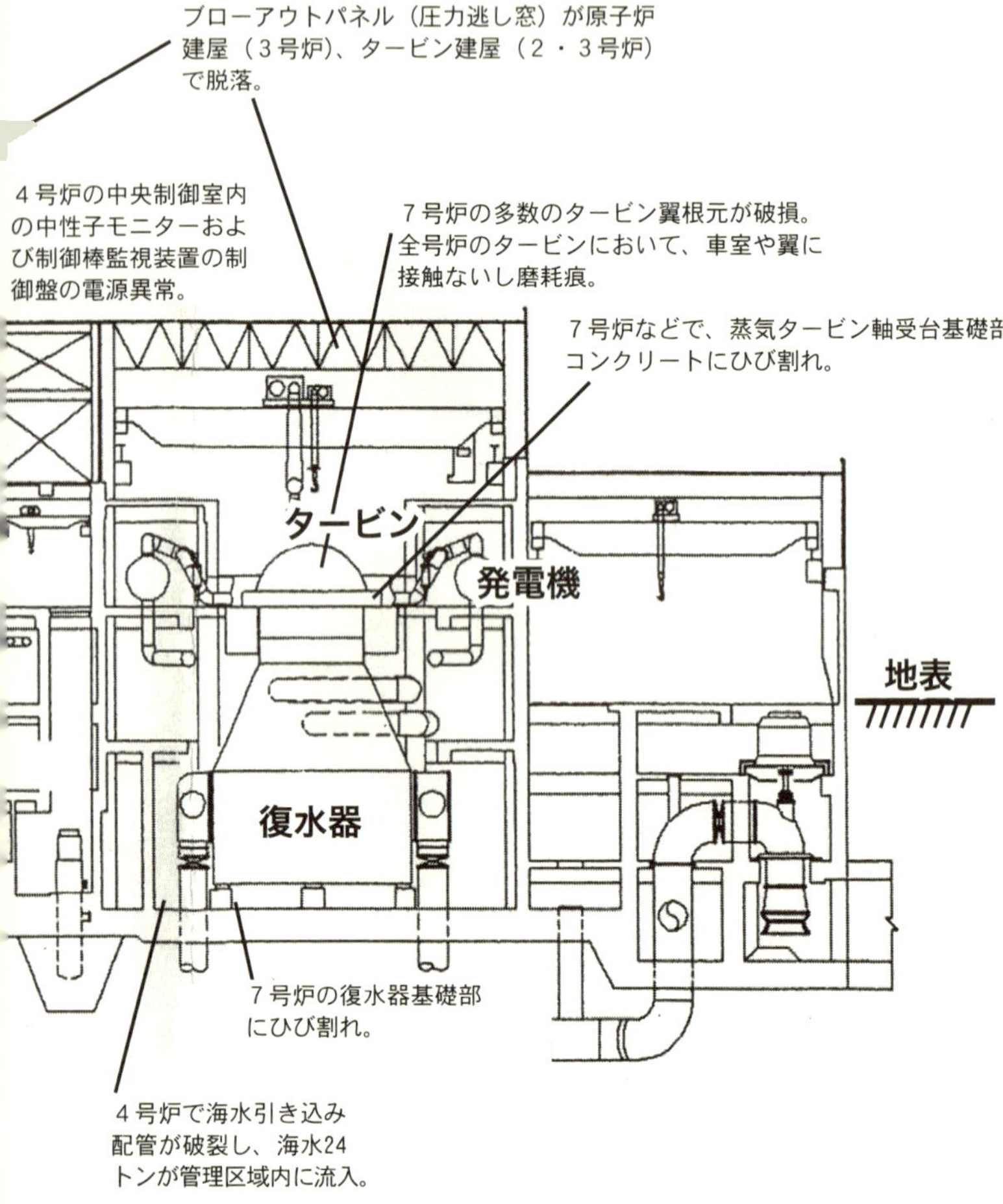
ブローアウトパネル（圧力逃し窓）が原子炉建屋（３号炉）、タービン建屋（２・３号炉）で脱落。
４号炉の中央制御室内の中性子モニターおよび制御棒監視装置の制御盤の電源異常。
７号炉の多数のタービン翼根元が破損。全号炉のタービンにおいて、車室や翼に接触ないし磨耗痕。
７号炉などで、蒸気タービン軸受台基礎部コンクリートにひび割れ。
タービン
発電機
地表
復水器
７号炉の復水器基礎部にひび割れ。
４号炉で海水引き込み配管が破裂し、海水24トンが管理区域内に流入。

図３-１
中越沖地震によって柏崎刈羽原発で発生した主な事故・故障マップ【建物の内部】

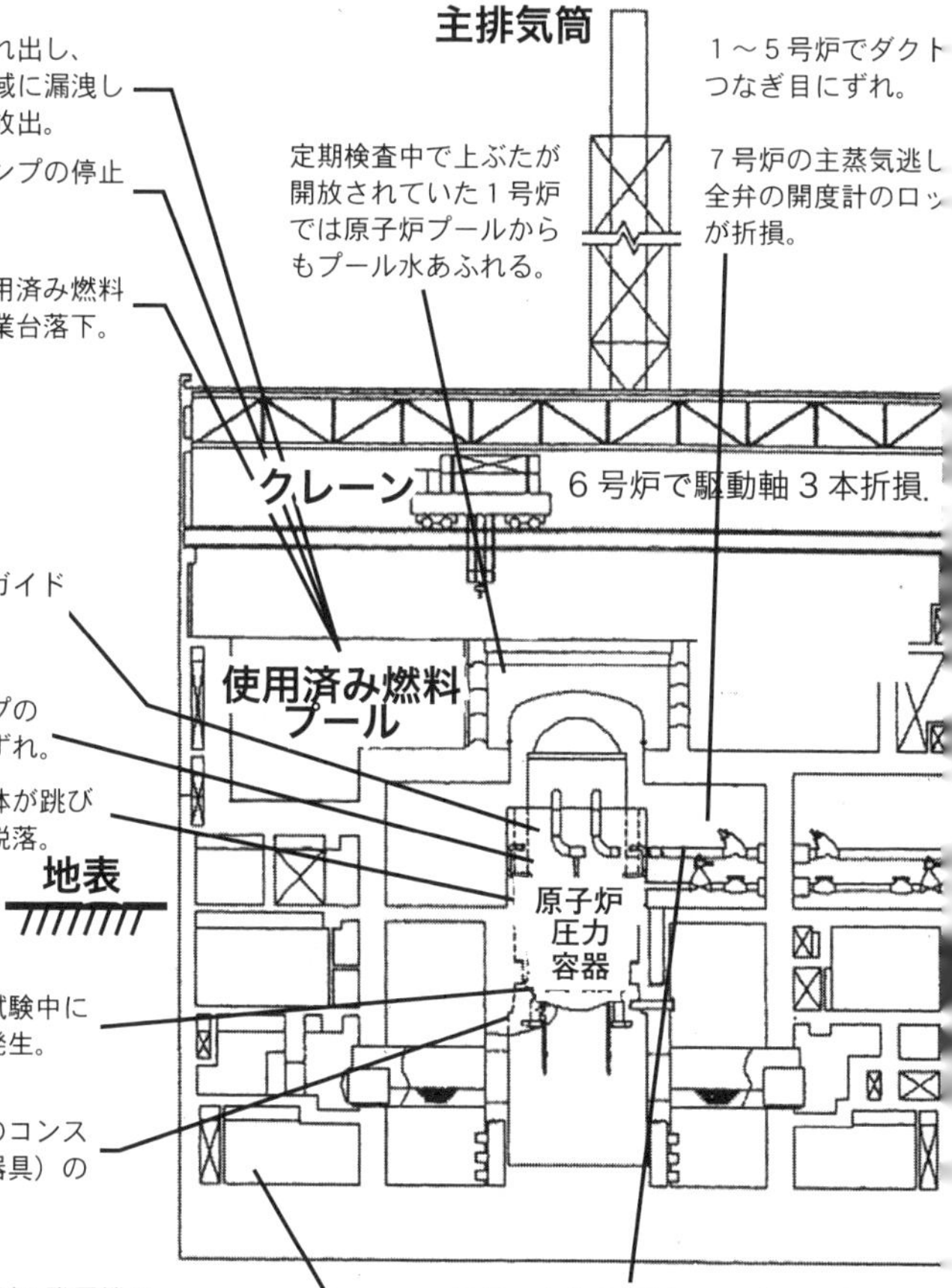
７号炉で、ヨウ素、
ロム、コバルト合
４億ベクレル大気中
放出。
全炉でプール水あふれ出し、
６号炉では非管理区域に漏洩し
放水口より海洋中に放出。
つなぎ目にずれ。
定期検査中で上ぶたが
では原子炉プールから
１～３号炉で冷却水ポンプの停止
によりプール水位低下。
全弁の開度計のロッ
４号炉と７号炉で、使用済み燃料
貯蔵ラック上に水中作業台落下。
７号炉の制御棒８本のガイド
ローラー部にひび割れ。
５号炉でジェットポンプの
インレットミキサーにずれ。
５号炉の燃料集合体１体が跳び
上がり、支持金具から脱落。
６、７号炉の制御棒が試験中に
動かなくなるトラブル発生。
５号炉の再循環ポンプのコンス
タントハンガー（防振器具）の
指示値に異常。
７号炉の非常用ディーゼル発電機の
基礎部コンクリートにひび割れ。
５号炉の主蒸気配管のスプリングハン
ガー（防振器具）の指示値に異常。
３号炉のホウ酸水注入系配管の保温材が
大きく変形し破損。
１号炉原子炉建屋の外側の消火用配管が破断し
建屋地下に 2000 トンの水が土砂とともに流入。

福島第一と女川の事故後の解析で、燃料集合体と制御棒の間隔が場所によって異なるという炉心の配置のもとでは、地震の揺れによって燃料集合体と制御棒が揺れたときに、出力が急に上がるということが確かめられている。これらの原発では、燃料集合体を押さえているバネの力を強くし揺れにくくすることをもって、再発防止の対策としている。

今回の柏崎の地震でも、揺れに伴って原子炉の出力が急上昇したり、また、そのとき制御棒がうまく挿入されなかったり、というような事態が起こりえたのではないか。原子炉が止まったのは、本当に幸運以外のなにものでもない。

原子炉を冷やすのに四苦八苦

原子炉の運転を止めればＯＫ、というわけにはいかない。核分裂が止まっても、燃料中に残っている死の灰からは熱が出続ける。この熱を冷ましながら、摂氏３００度近くある原子炉の水の温度を、大気圧の下で水の沸騰が起こる１００度以下の温度になるべくはやく下げてやらなければいけない。

この操作にかかった時間が一番短かったのが起動途中だった2号炉の場合で、それでも地震により原子炉が停止してから9時間30分かかっている。３号炉は13時間、７号炉は15時間30分であった。最も長い時間必要だったのが４号炉で、およそ21時間かかった。

通常、原子炉停止後、冷却するには、原子炉でつくられる蒸気をタービンを通さずに復水器に直接導くことによって行う。ある程度温度が下がったところで、冷却方式を「運転時」モードから「停止時」モードに切り替えることになる。原子炉の冷却方式を「運転時」モードから「停止時」モードに切り替える際に、敷地内にある補助のボイラーから蒸気を送り続けてもらう必要がある。設備としては、1～4号炉の共用のボイラーが4台、5～7号炉の共用のボイラーが3台ある。地震発生時には、1～4号炉側が2台、5～7号炉側が1台運転していたのだが、地震によって1～4号炉側の電気で稼働するボイラー1台だけ残してあとは停止してしまった。

このため、3号炉と4号炉のどちらか一方へ送る分しか蒸気がまかなえなくなった。3号炉は原子炉建屋の機密性がくずれていたことから、緊急性が高いと判断され、先に蒸気の供給を受けて冷却し、4号炉は後回しになった。4号炉の冷却が他のプラントより時間がかかっているのはこのためである。

2号炉と7号炉では、外部からの蒸気が期待できないので、主に、原子炉からの蒸気を圧力抑制室（サプレッションチェンバー）に吐き出させることによる緊急避難的な冷却方式がとられた。

原発の外部からの電気の供給が途絶えなかったこともラッキーだった。柏崎刈羽原発には、4本の東京電力の送電線がつながっている。原発を運転して発電しているときには電気を送り出すが、発電をやめれば電気を受けとる側になる。地震発生時に1本の送電線が遮断され、さらに設備に異常がみつかったため1本が止められたが、かろうじて2本が生きていた。柏崎市、刈羽村のエリアは東北電力の管内である。東北電力の送電設備は故障してあたり一帯が停電していたのだが、原発へは自社の設備で送電が続けられていたのだ。

もし、外部からの送電が途絶えていれば、各炉に2～3台ずつ設置されている非常用ディーゼル発電機を起動させなければならなかった。原子炉の冷却に必要なポンプ・弁などの機器を動かすためである。緊急時にディーゼル発電機がすべてすんなり起動できたかどうかは疑わしいのではないかと思う。

放射能放出と引き起こされたさまざまなトラブル

大気中と海洋中へ放射能が放出された。7号炉からは、大気中へ放射性ヨウ素およそ4億ベクレルとそれ以外の粒子状の放射能およそ300ベクレルを放出した。6号炉からは、使用済み燃料プールの水を起源とする放射能を含んだ水およそ9万ベクレルを放出した。放出された放射能の量はともかく、単純な作業上のミスのせいで、出さなくても済んだはずの放射能が放出されてしまったことが問題であろう。

柏崎市長は七月十八日、柏崎刈羽原発に対し、消防法に基づいて、緊急使用禁止命令をだした。原発の敷地内のあちこちに地盤の損壊が起きており、特に非常用ディーゼル発電機の燃料用軽油の屋外貯蔵タンクなどの安全が確保されていない、と判断されたためである。

原発の機器類・設備類の破損は、かなり重要な部分にまで及んでいることがだんだん明らかになりつつある。

発電所内へ電気を供給するための所内変圧器で火災が起きた（3号炉）のをはじめ、原子炉の燃料集合体を交換するために使うクレーンの車軸が折れたり（6号炉）、原子炉と使用済み燃料貯蔵プールの間のコンクリート壁からの水漏れ（7号炉）、制御棒のひっかかり（6・7号炉）、燃料集合体の跳上がり（5号炉）、原子炉内のポンプ（ジェットポンプ）の部品の脱落（5号炉）、タービンの羽根の損傷（3・4・7号炉）など。

まだ人の眼で見る検査が行われているだけだが、このようなトラブルをふくめて、3100件以上の事故・故障・損傷がみつかっている。

5号炉では、主蒸気配管を支えるスプリングハンガー（運転時の熱膨張で生ずる変位を荷重を変えて調節するタイプの吊り具）の指示値がずれているのがみつかった。再循環系の配管ポンプを支えるために使われているコンスタントハンガー（荷重を一定に保つタイプの吊り具）でも同様の異常がみつかった。これらは、地震時の揺れで、配管や支持梁などが変形を起こし、元に戻らなくなったことを間接的に示すものではないかと考えられる。

より深刻に考えなければいけないのは、肉眼では見えないような変形を見逃してしまうことである。測定・検査のための器具を持ち込めない場所や、ものかげに隠れてどうしても検査ができないもの、放射線が強いため人が容易に近づけないような場所もたくさんあるだろう。

設計条件を大きく超える力を加えられてしまった柏崎刈羽原発の一つひとつの機器・設備のこと

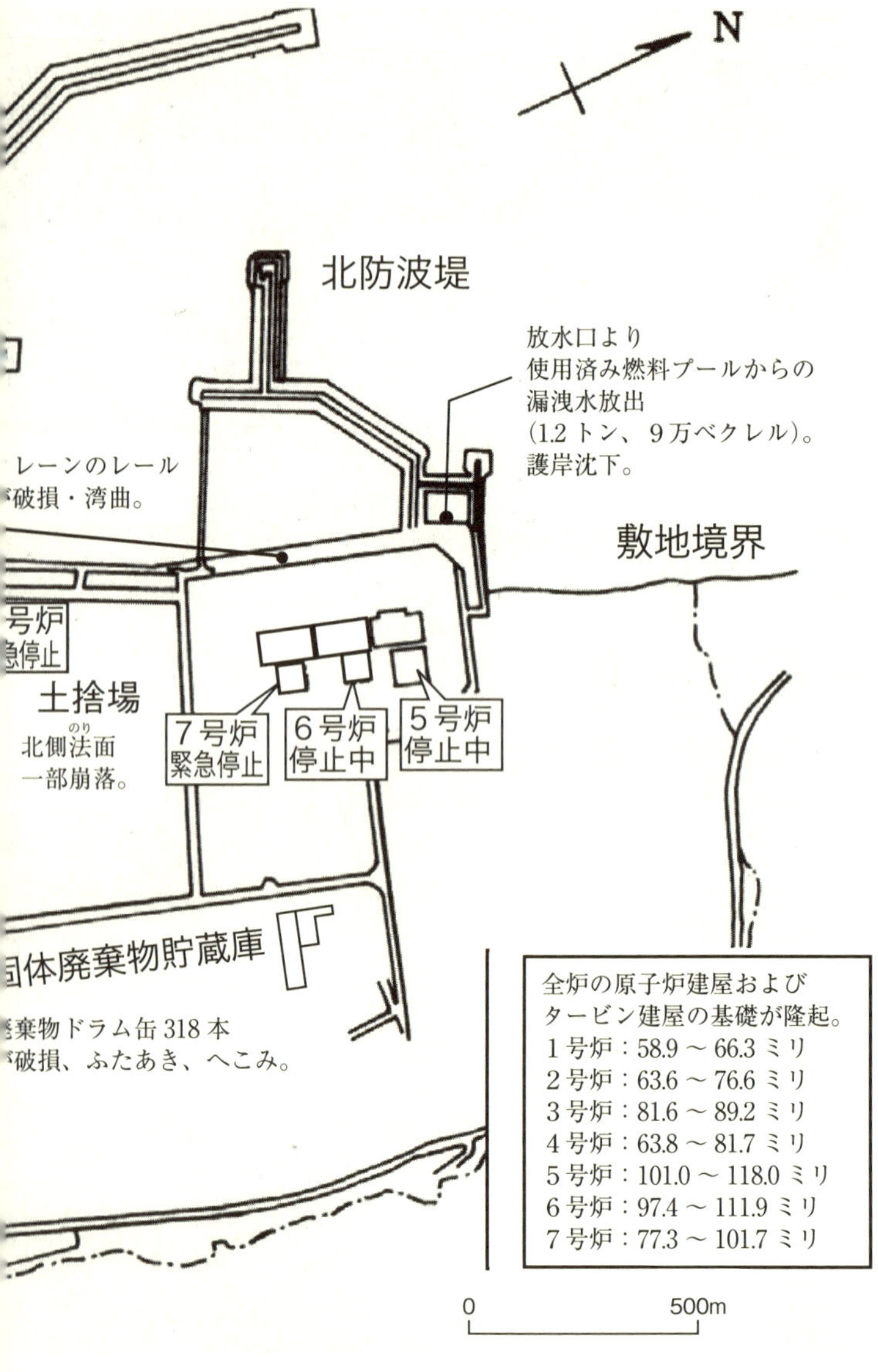

N
北防波堤
放水口より
使用済み燃料プールからの
漏洩水放出
(1.2トン、9万ベクレル)。
護岸沈下。
レーンのレール
破損・湾曲。
敷地境界
号炉
停止
土捨場
北側法《のり》面
一部崩落。
7号炉
緊急停止
6号炉
停止中
5号炉
停止中
体廃棄物貯蔵庫
棄物ドラム缶318本
破損、ふたあき、へこみ。
全炉の原子炉建屋および
タービン建屋の基礎が隆起。
1号炉:58.9～66.3ミリ
2号炉:63.6～76.6ミリ
3号炉:81.6～89.2ミリ
4号炉:63.8～81.7ミリ
5号炉:101.0～118.0ミリ
6号炉:97.4～111.9ミリ
7号炉:77.3～101.7ミリ
0
500m

図3-2
中越沖地震によって柏崎刈羽原発で発生した主な事故・故障マップ【敷地の内部】

構内道路の随所で陥没等。一時通行不可。
海側、屋外で液状化。
1、2号炉近傍で消火用配管5カ所損傷。
南防波堤
1号炉サービス建屋で
環境放射線監視
データ伝送不能。
放水口護岸
沈下。
所内変圧器火災。消火
に2時間。
避雷針塔
の破壊。
1号炉
停止中
2号炉
緊急停止
3号炉
緊急停止
開閉所
500 キロボルト
送電線停止。
事務建屋
扉のゆがみに
より緊急時
対策室に
入室できず。
消防とのホットライン
使用不可。
敷地内の各所で
地盤の沈降・隆起、
液状化(噴砂)、
ひび割れ(小断層)

を考えると、この原発を閉鎖することを躊躇すべきではないと思う。

2 原子炉臨界・暴走、制御棒落下事故

志賀1号炉での臨界事故公表

志賀(しか)原発1号炉の臨界事故のニュースが新聞社から原子力資料情報室にとびこんできたのは二〇〇七年三月十五日の午後一番のことだった。入っていた制御棒が3本脱落して臨界になったと伝えられた(一九九九年六月十八日の事故)。

二〇〇六年の十一月頃から明らかになりだした原発をはじめとする発電所でのデータ改ざん・事故隠し。蒸気の冷却に使う海水の出口と入口の温度のごまかしから始まって、二〇〇七年に入ってすぐの一月三十一日に、東京電力の柏崎刈羽1号炉(一九九二年五月十一日)での緊急炉心冷却装置(ECCS)の検査偽装や福島第一・福島第二原発での定期検査時の記録の数々の隠蔽・改ざんがおもてに出てきた。

二月二十八日から三月一日にかけては、東京電力が原子力安全・保安院に提出した報告によって、福島第二1号炉(一九八五年十一月二十一日)と柏崎刈羽1号炉(一九九二年二月二十八日)で、原子炉が緊急自動停止(スクラム)するという事故が起きていたにもかかわらず、事故を隠し続けてき

たことが明らかになった。それから10日ほどたった三月十二日に、東北電力が女川1号炉でも同様の停止事故が起きていた（一九九八年六月十日）ことを明らかにした。

北陸電力が志賀1号炉の臨界事故を公表したのは、そういうタイミングであった。原子炉が停止中に臨界になり、しかも緊急停止に失敗した。それだけで重大な問題なのに、記録を破棄し、発電所ぐるみ、会社ぐるみで事故をもみ消したのは、技術的能力以前の問題であり、北陸電力に原発を運転する資格はないと思う。

沸騰水型炉の制御棒のしくみ……アクセルとブレーキ

この間、制御棒落下事故を起こしていたことが明らかになっているのは、すべて沸騰水型炉（BWR）だ。沸騰水型炉では、原子炉圧力容器の底の法《のり》から制御棒を押し上げて炉心に入れる。

制御棒は細長い板（長さ4メートル、幅10センチ）を十字型に組み込んだ形をしており、内部には中性子をよく吸収する物質（炭化ホウ素やハフニウム）が入っている。制御棒を燃料集合体と燃料集合体の間に入れてやると、飛び交っている中性子を吸収するので、核分裂に使われる中性子の数が減る。核分裂の進行を抑えることで、原子炉にブレーキをかける働きをする。逆に、原子炉から制御棒を引き抜けば中性子を吸収するものがなくなるので核分裂の発生回数が増える。制御棒はアクセルの働きもするのである。

原子炉内で蒸気を発生させる沸騰水型炉で、制御棒を原子炉の下から挿入するのにはふたつの理由がある。原子炉の上のほうに蒸気を発電に適した状態にするための設備（気水分離器と蒸気乾燥器）が設置されているという物理的空間的な制約という理由と、制御棒を下から入れることにより、燃料の燃えすすみ方を調整するという燃料管理上の理由である。泡の発生量が上部のほうが下部より多いため、燃料上部の核分裂が進みにくくなり、これを制御棒を燃料の下のほうに挿入することによって下部の燃焼を抑え、バランスをとっているのである。

制御棒を下から押し上げるために水圧差を利用したピストン構造の駆動装置が採用されている。抜け落ちにくく、かつ、操作もしやすいものでなくては実際には使えない。今回の脱落事故は、この構造上の不利が背景にあると思う（加圧水型炉では制御棒は原子炉上部から挿入する構造である。引き抜き時は電磁石で保持しておいて、挿入時には電磁石の電流を断って重力によって制御棒を落下させる）。

駆動用の弁の誤操作から制御棒が落下し臨界に

志賀1号炉の臨界事故について、北陸電力は二〇〇七年三月三十日に調査報告を公表した（四月二十日に報告書の訂正版を出している）。報告書は北陸電力のウェブページから手に入れることができる（http://www.rikuden.co.jp/press/attach/07042002.pdf）。

事故は、「原子炉停止機能強化工事機能確認試験」と呼ばれる試験中に起きた。この工事は、苛酷事故対策（シビアアクシデント対策）のひとつとして行われたもので、制御棒を挿入するための予

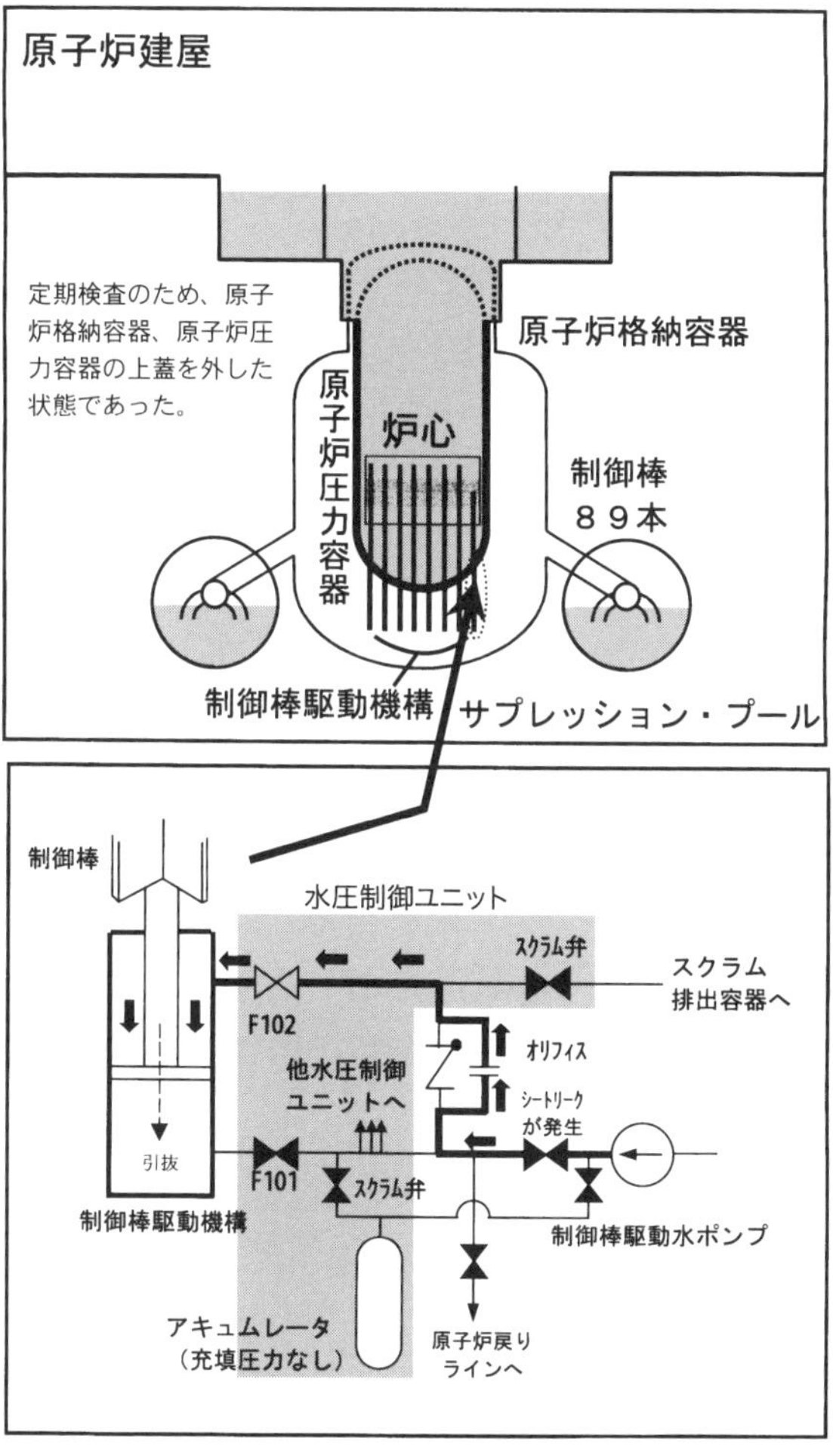

図3-3　制御棒落下時の駆動水圧系の様子
（北陸電力の3月15日のプレスリリースより）

て行ったとある。

備の装置の設置工事だ。報告書には新しいシステムの試験を従前からの制御棒スクラム試験に続い

志賀1号炉には制御棒が89本あり、それぞれに水圧制御ユニットが一つついている。図3-3にあるように駆動水圧系に水を流しながら、かつ、原子炉への戻りラインの弁を閉じていたことで制御棒が落下する可能性があったと説明している。駆動水圧系の圧力が原子炉よりあるレベル（1.0メガパスカル）以上高くなると、挿入配管からの水圧で制御棒が一時的に押し上げられて、ロック（コレット・フィンガ）が解除される。テストするための一体の制御棒の水圧制御ユニットを除いて、88本のユニットの二つの弁（挿入弁=101弁と引抜弁=102弁）を4人の人の手によって順次閉じていく作業をしていた。そうすることで、系統内の圧力が高くなり、ロックがはずれた状態になった。その状態で、先に挿入側の101弁を閉めると、挿入側からの圧力がなくなり制御棒の落下が始まる、というしくみだ。残り3本のところで、図3-3のような状態になったという。

圧力差を警告するアラームのスイッチが切られていたことも分かっている。

3本の制御棒が、約360センチの可動範囲のうち、それぞれ60センチ、120センチ、150センチ落下して臨界状態になった。臨界になり、原子炉のスクラム信号が出たにもかかわらず、挿入側の弁が閉まっていたために制御棒が挿入されなかったのだ。おまけに緊急挿入装置のアキュムレータには充塡圧力がなく働かない状態であった。

15分後にようやく101弁を開くことで制御棒が挿入されて、臨界状態を脱したのだ。

臨界というより暴走

制御棒を固定してから行う制御棒駆動装置の試験の途中で、3本の制御棒がするすると原子炉の中で燃料集合体の間から落下し始めるにつれて、核分裂が起こり始めた。一時は、核分裂の回数がネズミ算的に増え続けて暴走状態になったという。その上、原子炉の緊急停止装置が作動しなかったため、15分間にわたり、核分裂が継続する臨界状態が続いていた。

臨界事故というより暴走事故だ。チェルノブイリのような核の暴走事故が、日本の原発でも起きていたのだ。規模が小さかったのは、制御棒が落下するスピードが比較的ゆっくりで、抜けた制御棒の数が多くなかったため、核分裂を起こした燃料集合体の数がずっと少なかったからに過ぎない。炉心全体では368体ある燃料集合体のうち、落下した3本の制御棒のまわりのそれぞれ4体、あわせて12体の燃料集合体だけが臨界・暴走に関わったと考えられている。制御棒がもっと勢いよく抜け落ちるとか、条件がちょっとちがえば、たくさんの燃料が一瞬にして破裂し、大量の放射能が原発のまわりに飛び出す、ということになったかもしれない。

手順のミスだけが問題なのか

志賀1号炉の場合には、試験手順マニュアルや作業員の弁の操作に問題があったといわれている。確かにその通りだろう。しかし、正しい手順で行えばうまくいくのは当たり前として、ひとつの箇単な作業ミスが大きな事故につながるようではシステムそのものがあまりに脆いのではないか。

福島第二3号炉や柏崎刈羽1号炉の制御棒落下事故のように、それぞれのユニットの二つの元弁（101弁と102弁）が閉まっていても、駆動水圧系からの圧力が引き抜き側に加わって制御棒が脱落した例もあり、やはり構造上も問題ありと考えるべきだろう。

また、改良型沸騰水型炉（ABWR）である柏崎刈羽6号炉でも制御棒の脱落が起きていたことは非常に重大だ。この型の原発には、従来の水圧だけで常用・非常用を動かすシステムでなく、常用には電動機によって動かす制御棒駆動装置が付け加えられたのが売りとなっている。その電動機駆動のシステムの誤操作が起きたのだ。ABWRでは、一つの制御ユニットに2本の制御棒がつながっており、より大きな事故の起こる危険性も指摘されるべきだろう。

安全上の問題点・事故想定

原子炉設置許可時の安全審査では、「過渡解析」と「事故解析」で制御棒の引き抜きないしは落下を想定して解析を行っている。

「過渡解析」として「起動時の引き抜き」と「出力運転時の引き抜き」を想定しているが、これは中央制御室での制御棒選択操作における誤操作を仮定したもので、制御棒1本の引き抜きしか想定されていない。志賀1号炉の「事故解析」では、制御棒1本が落下し挿入されないことが想定され、中性子束が定格の120パーセントになったところでスクラムがかかるというシナリオだ。この場合には約1200本の燃料棒が破損するが、周辺住民の大きな被曝はない、したがって問題なし、と結論されている。

どちらの想定も、現実に起きている複数本の制御棒落下事故と比べてみるとあまい想定だ。これらのシナリオのもとでも、複数本の制御棒が落下するという条件をつけて事故を考えてみれば、何倍も大きな被害をもたらす結果になるであろう。

制御棒落下事故隠し

二〇〇七年三月二十二日には、福島第一3号炉でも一九七八年十一月二日に臨界事故が起きていたことが公表された。5本の制御棒の落下によるおよそ8時間も続いた臨界事故で、もとの運転記録が全く残されていないため詳しいことは分からないが、志賀1号炉と同じような暴走事故だったと考えられる。

隠され続けた制御棒落下事故は、この2件の臨界事故もあわせて10基の原子炉でそれぞれ1回ずつ起きており、落下した制御棒は合計57本にのぼる。これ以外に、誤って制御棒が挿入されていた事故も隠蔽されていた。7基の原子炉であわせて9回起きたトラブルが隠されており、合計の誤挿入本数が41本になる。

制御棒落下という事故は過去に起きたものばかりではない。最近も、二〇〇六年三月に女川1号炉（1本）、同じく二〇〇六年五月に柏崎刈羽3号炉（1本）などで起きている。

日本では、原子炉設置の認可の安全審査のなかで、制御棒が落下するとか運転員の誤操作で炉心から引き抜いてしまうという事態を想定することになっている。しかし、落下する制御棒を1本（多い場合でも改良型沸騰水型炉での2本！）でよい、としているのは、実際に明らかになった事故からみてもどうにも解せない。原子力安全・保安院はいまのところ見直そうともしていない。

欧米でもよく似た事故が起きており、米原子力規制委員会は自国で起きた二つの事故（一九七三年と一九七六年）の直後とスウェーデンで起きた事故（一九八七年）の10カ月後に、注意喚起のための情報として事故の原因と経過を公表していた。

日本では、国の原子力規制行政機関も、原子力安全委員会も、電力会社も、原発メーカーも、欧米の事故などの情報を知り得たにもかかわらず、制御棒脱落防止のための対策をサボってきたのだ。

3 発電用タービンの破壊

発電用タービンの羽根が折れた

事故が起きたのは二〇〇六年の六月のことになる。

浜岡原発5号炉（ABWR、138万キロワット）で運転中に、発電用タービンの動翼（回転翼）が根元から折れて車軸から飛び出すという、とんでもない事故が起きた。過去に海外では、破損したタービン翼がカバー（ケーシング）を突き抜けてタービンミサイルとなって、発電機の冷却用水素の漏洩から大火災を招いた例がいくつかある。国内では一九九一年に、北海道電力の泊1・2号炉で羽根（静翼）に多数の亀裂がみつかる事故があって、大きな問題になった。

浜岡5号炉は、二〇〇五年一月十八日に営業運転を開始したばかりの原発である。これまでに分かっている事実関係は次の通りである。

二〇〇六年六月十五日午前8時39分に「タービン振動過大」の警報が鳴りタービンが停止し、続いて原子炉が緊急自動停止した。浜岡5号炉の発電用タービンは、高圧タービン一つと低圧タービン三つ（A、B、Cと名付けられている）からできている。警報は、低圧タービンBの両側の軸に取り付けられた振動検出器で検知された。

中部電力は、六月十九日からタービンのカバー（ケ

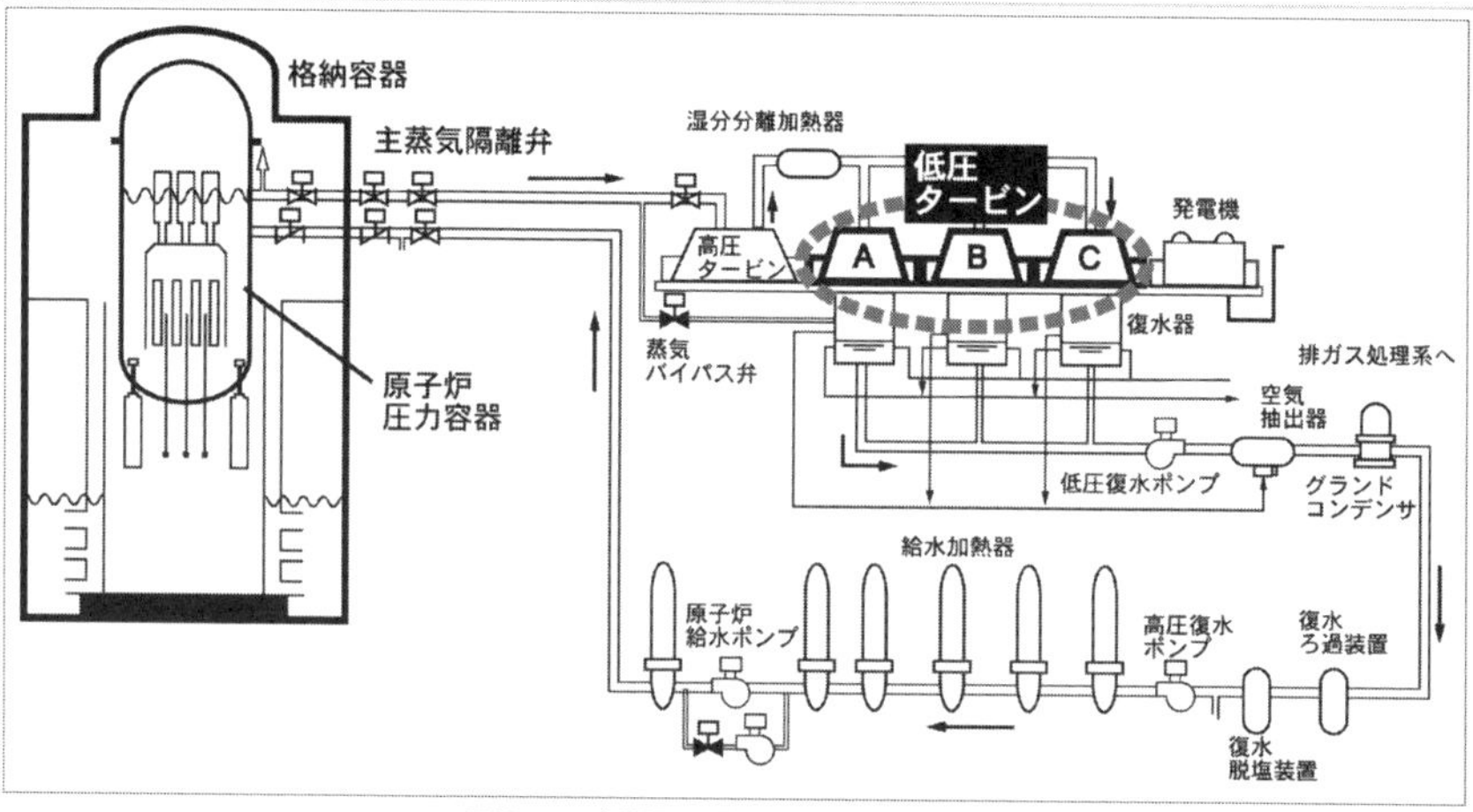

図3-4　浜岡原発5号炉の概念図

ーシング）を外して内部の点検を行ったところ、低圧タービンBの第12段（外側から3段目）のタービン動翼1本がとれて落下しているのが見つかったと、六月二十三日に公表した。車軸への取り付け部（フォークと呼ばれている）が折れていたという。

この動翼は、長さ53センチ、幅12センチ、厚さ3センチ、重さ9キロのクロム鋼製のものだ。脱落した動翼1本は低圧タービンBの下部の隙間に挟まっているところを回収されたが、ぐにゃぐにゃに曲がって原形をとどめていなかった。タービン内部の構造物にも多数の傷跡が残されていた。車軸にも亀裂ができていた。

第12段タービン動翼の8割に折損・亀裂

当初、折損した動翼が見つかったタービンBの第12段の目視点検を行った段階（六月三十日）で、140本の動翼のうち、29本に折損、18本に亀裂が見つかったと、中部電力は発表していた。その後、磁粉探傷などを用いて点検を進め、タービンA及びCの第12段まで調査を行ったところ、840本中、実に663本の動翼の取り付け部に異常が起きていることが明らかになった（七月十一日公表）。また、タービンBについては脱落が起きた両側にあたる発電機に近い側の第13段の160本、第14段の122本の点検も行ったが、そこでは異常は見つからなかった。車軸には15カ所に亀裂が見つかっている。

破損原因については、電力会社やメーカーが示唆しているように設計上のミスが疑われた。浜岡

5号炉の発電用タービンは「日立」製で、主な仕様をあげると、型式は「くし型6流排気復水式（再熱式）」、電気出力138万キロワット、蒸気圧力68・2kg／cm²、蒸気温度は摂氏284度、回転数は毎分1800回転である。大型の原発をつくるにあたって、発電の効率をよくしようと羽根の形状変更などの工夫は進めたが、強度の面でのチェックを怠ったらしいのである。

志賀2号炉でも亀裂発見

原子力安全・保安院は六月三十日、浜岡5号炉と同じ型の蒸気タービンの北陸電力志賀原発2号炉（ABWR、135・8万キロワット）に対して、低圧タービンの第12段の動翼の点検をすることを求める指示文書を出した。

志賀2号炉は、蒸気タービンの点検のため七月五日に原子炉を停止した。二〇〇六年三月十五日に営業運転開始後、三月二十四日の金沢地方裁判所の「運転してはならない」という判決が出たあとにも、のうのうと動かし続けていた原発である。

北陸電力が七月十八日に明らかにしたところによると、低圧タービ

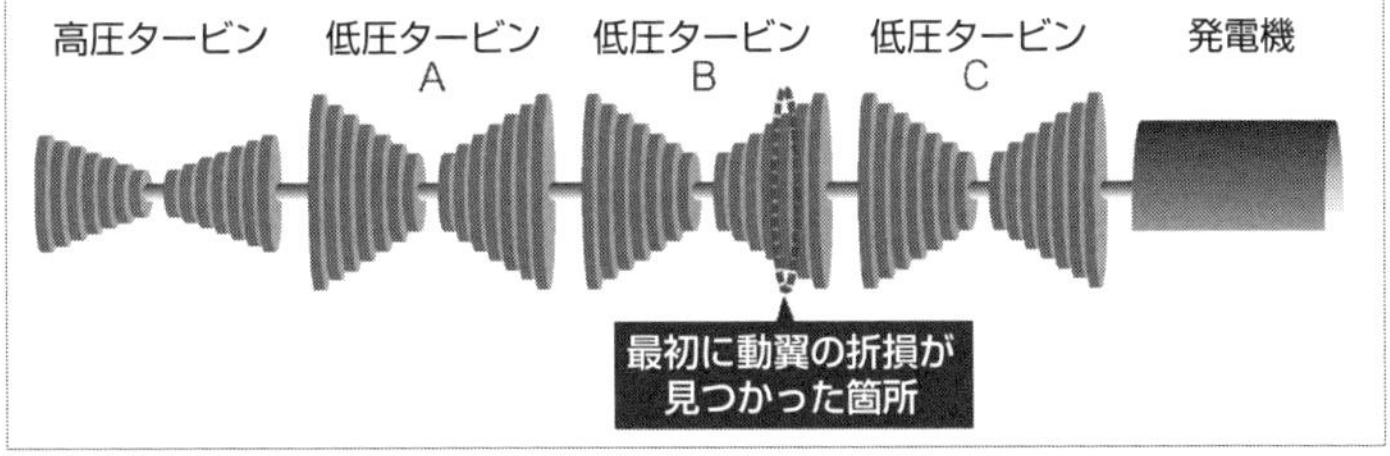

図3-5　浜岡原発5号炉発電用タービンの動翼折損箇所

ンBの動翼15本の点検を終えたところ、2本の取り付け部にひび割れが起きていたという。

設計ミスによる金属疲労が原因

二〇〇六年九月十二日に中部電力は、浜岡5号炉の低圧タービン羽根の破損の原因調査について、蒸気の乱流や逆流によって振動が発生したことが原因とする調査内容を公表し、翌月対策もあわせて明らかにした（http://www.chuden.co.jp/corpo/publicity/press2006/1027_1.html）。

中部電力によると、折損した羽根の破面を観察したところ金属疲労の跡があるという。疲労を引き起こした原因については、タービン内を通過する蒸気の乱流による振動（ランダム振動というらしい）及び給水加熱器からの急激な逆流による振動が原因であると推定している。ランダム振動は、タービンが回転していても発電をしていないときや、低い出力でしか発電していない状態で発生する。逆流現象は、発電を急にやめた時に発生することが知られている。

浜岡5号炉の発電用タービンを設計・製作した日立製作所が、浜岡4号炉（5号炉より少し小さい）用の発電用タービンからの大型化及び高効率化をはかった際に、流れる蒸気の振動による力のかかり具合を十分考慮していなかったことが明らかになっている。たとえば、5号炉ではタービンの大型化に伴って翼の長さを長くしており、ランダム振動の影響を受ける範囲が従来のものより広く12段目まで及ぶことが今回の原因調査で分かったが、共振振動の発生の回避や強度の増強など、これらについての対策は施されていなかった。

両原発とも運転開始間もない段階での事故であり、設計上の問題が大きくからむ事故である。この事故では、設計のミスをメーカー側が認めたため、日立製作所が修理・交換のための費用を負担することになっている。その金額は1基あたり、1000億円以上になるものとみられている（浜岡5号炉はタービンの一部に整流板を設置することで二〇〇七年三月に運転を再開した）。

4 その他の事故について――まとめにかえて

紹介した3例とも沸騰水型炉での事故になってしまったが、制御棒の落下事故以外は、沸騰水型炉固有の事故ではなく、加圧水型炉でも起こりうる。制御棒についても、落下でなく飛び出しや破損、不挿入なら加圧水型炉でも想定範囲だ。

二〇〇〇年以降に起きた事故から選び出すとき、次の二つの事故が記憶にも新しい。いずれも運転中に配管が爆発ないしは破裂した事故である。これらについては、原発老朽化問題研究会編『老朽化する原発』（原子力資料情報室発行、二〇〇五）に詳しい。

●二〇〇一年十一月七日、浜岡1号炉・余熱除去系蒸気凝縮系配管の破裂（水素爆発）

高圧注入系ポンプの起動試験開始直後に、同系統に接続している余熱除去系蒸気凝縮モード配管（B）が破裂し、1次冷却水約2トンが漏洩。原子炉は6時間後に手動停止。余熱除去系蒸気凝縮モード配管内にたまっていた水素と酸素が爆発（爆轟）を起こし、配管の曲がり部を吹き飛ばしたものと推定。

●二〇〇四年八月九日、美浜3号炉・復水器配管の破裂（減肉）

2次系の復水配管A系が破裂し、蒸気が大量に噴出する事故発生。11人死傷（5人死亡、6人重軽傷）。原子炉は蒸気発生器内の冷却水流量不一致により自動停止。配管の肉厚検査がされておらず、減肉が進んでいた。

第四章　中越沖地震と東京電力柏崎刈羽原発

武本　和幸

1　中越沖地震

二〇〇七年七月十六日午前10時13分

何の前触れもなく、柏崎刈羽地域は、大きな揺れに襲われた。部屋の中は本棚が倒れ、本が散乱し、窓ガラスが割れ、瞬間にして電気が消えラジオが止まった。天井から吊り下げられた蛍光灯は蛍光ランプが落ち、大きく揺れている。もうもうと立ち上がる土煙の中で、なんとか外に出ると、目の前のブロック塀や建物が倒れて土埃が立ち、家から逃げ出した人たちは呆然とそれらを見ているのだった。

それが大きな地震だとはすぐに分かったが、震源がどこか、被害の様子はまだ分からない段階で、屋外に設けられた防災無線放送のスピーカーが鳴り出した。放送内容は「ただいま市役所の地震計が震度6強の揺れを観測しました。津波が予想されるので、海岸の人は高台に避難してください」との趣旨だった。あらかじめ準備されて録音された内容が自動放送されたもので、放送を聴いて、デジカメを取り出して写した写真が下の一枚である。地震から5分も経過していない段階のもので、その後この地震は新潟県中越沖地震と命名された。このとき、原発の南西側の住民と、遠方でテレビ中継を見た者は、原発から黒煙が立ち上がっていたことを知ったが、原発の様子は全く伝えられなかった。

その後、運転中の原発が緊急停止し

原発の被害を気にしながら自宅附近の被害を見つめる住民。

たことは伝えられたが、詳細説明は全くなかった。東京電力の柏崎刈羽原発が建設された柏崎市や刈羽村は、新潟県の中央部の海岸に位置している。この地域は二〇〇四年十月二十三日の夕方17時56分にも大きな地震があり、多大な被害が発生し、この地震は中越地震と命名されていた。

この報告は、柏崎刈羽原発の建設計画発表当初からの議論や中越沖地震の被害の様子、地震から1年が経過した地域の様子に関してのものである。

中越沖地震はいつでも、どこにでも起こる中地震

中越沖地震はマグニチュード6・8だった。ひとつの地震でマグニチュードはひとつだけだが、震度は場所によって異なる。柏崎と刈羽で震度6強、長岡で震度5強、新潟で震度4等々だ。地震はマグニチュードによってその大きさが区分され、7以上を大地震、5〜7を中地震、3〜5を小地震、1〜3を微小地震といい、小さな地震でも震源の近くでは大きな揺れとなる。

中越沖地震の被害地は、天候が回復した地震から三日目の七月十九日に国土地理院が空中写真を撮影した範囲に集中している。この地域は東京電力の柏崎刈羽原子力発電所を中心にした半径10キロの圏内と重なり、その意味で、柏崎刈羽原発地震と命名してもいいと思う。

日本列島では、中地震は年間十数回発生しているとのことで、その意味で中越沖地震はいつでも、どこにでも起こる中地震でしかないと言える。それにもかかわらず、柏崎刈羽原発を中心に大きな被害が発生した。

二〇〇七年末段階で、中越沖地震の被害は、死者15人、重軽傷者2315人、住宅被害は全壊が1319棟、大規模半壊857棟、半壊4764棟、一部損壊3万4714棟、非住家建物が3万1064棟であると新潟県災害対策本部が発表している（二〇〇七年十二月発表）。

地震から1年が過ぎ、10万人が住む柏崎刈羽では大きな被害が出た忘れることのできない地震であるのに対し、新潟県内でも被害のない地域や県外では、ありふれた出来事として、原発の被害のことを除いてはあまり関心をもたれていない。

自然災害と原子力災害

台風や水害、豪雪、地震等の自然災害はしばしば発生するが、こうした自然災害に対する防災計画があらかじめ準備され対応している。原子力施設や石油コンビナート等の人工施設でもそれに対応するための防災計画がある。しかし原子力防災計画は、厳重な計画を策定すると原子力に対する不安が増すからとおざなりで、訓練も行政関係者と電力会社のアリバイ訓練でしかなかった。

柏崎刈羽は二〇〇四年の中越地震（原発の南東30キロ地点付近が震央）を経験し防災対策を充実させてきた地域だ。その後の水害等もあって防災計画を見直してきたが、今回も有効には機能しなかった。中越地震で原発からの連絡の遅延が指摘され、衛星電話を設置したから大丈夫と宣伝されていたが、電話設置の部屋の入口ドアがゆがんで開かず使用できなかった。すっかり有名になった3号機変圧器の火災の消火の遅れは、地中に埋設した消火用配管が地盤沈下で切断破損し、水圧が下がって水が出ず、自衛消防隊は何もできなかったためだ。

消防署は多数の住宅倒壊で下敷きとなった人の救出や、負傷者の輸送で手が回らず、非番の隊員が出動して初めて行動し、消火まで2時間を要した。これも、地震発生の午前10時という時間が家庭で火を使う時間帯でないことが幸いし、原発以外で火災がなかったことの偶然の結果でしかない。いずれにせよ、中越沖地震は、大地震が発生し原子力災害が誘発されれば現行の原子力防災対策は絵に描いた餅にしか過ぎないことを示した。

原発火災の映像は全世界に配信され、欧州のサッカーチームの来日が中止になった事実は後日に聞いたことだ。風評被害は新潟県全域に及び、観光客が激減した。原発推進派は原子力教育が不十分なために起こったと主張しているようだが、「原子力は胡散臭いもの」との認識は本能的に正しいもので、原子力や放射能を回避したいと考えるのは正しい選択で、原子力発電所や原子力施設があるかぎり風評被害はなくならないと考える。

2 起こるべくして起こった柏崎刈羽原発の地震被害

柏崎刈羽原発の地盤・地震論争

柏崎刈羽の石油関連記録は『日本書紀』の天智七（六六八）年の条に「越の国より燃土、燃水が近江大津宮に献上された」に遡る。明治中期に機械掘削による油田が開発され、関連する機械産業を含め石油産業のある地域で、石油掘削のため地域の地層や地質構造は他に例がないほど詳細に調査されていた、日本の石油産業発祥の地である。

反対運動では、これらの石油掘削のための「西山油田の地質構造」等の調査報告論文を読み込み、原発を建設するために東京電力が実施した地質調査の矛盾点を指摘し30年余の論争を続けてきた。

反対運動の主張は「柏崎刈羽原発は活発な活褶曲地帯に位置し地殻構造運動が続いている。地震想定が甘く地震に耐えられない」というもので、東京電力と国の主張は「後期更新世以降の構造運動は

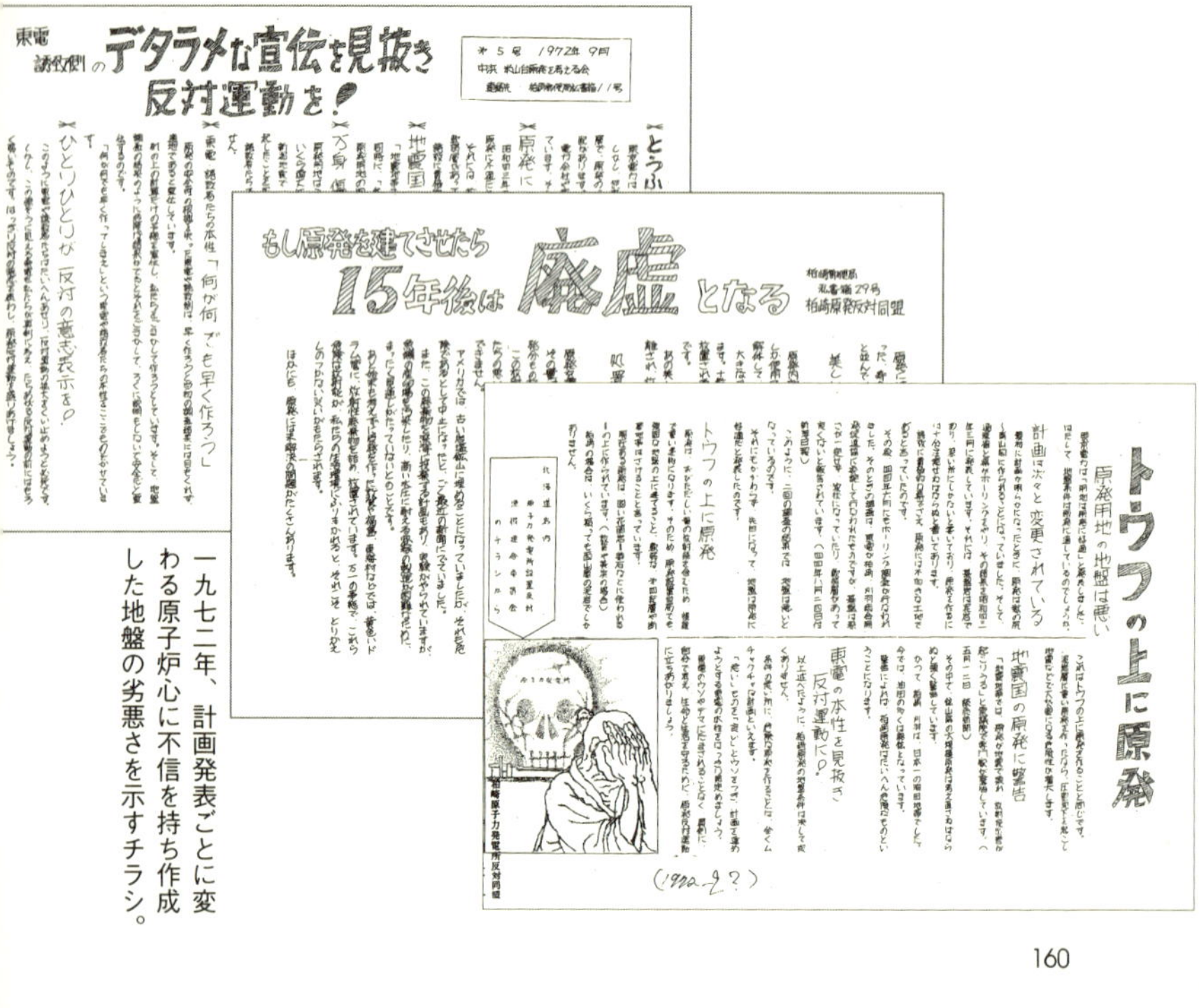

一九七二年、計画発表ごとに変わる原子炉心に不信を持ち作成した地盤の劣悪さを示すチラシ。

ない。後期更新世の堆積層である安田層や番神砂層にある断層は地すべりによって生じたもので評価不要」というものだ。こうした論争は、裁判記録や国会論議等に残っている。

東京電力の調査と主張

東京電力は原発用地の買収と影響海域の漁業補償が済んでから建設のための地質調査を実施した。建設のための調査であるため、建設に支障となる地質事実（断層の存在や地殻構造運動を示す証拠）は無視したり屁理屈を付けて問題ないとしている。

正確な調査をすれば、原発立地には不適格な土地であることが判明したり、それでも工事をするなら莫大な対策費が必要となることになるため、あいまいな調査に終始したものと推測される。その結果が、中越沖地震の被害なのだと考える。

原発の耐震設計　柏崎刈羽原発の場合

原発の耐震設計は、地震を想定し、原発での揺れを求め、それに耐えるようにするものだ。

原子力発電所等の核施設の旧基準の耐震設計は基準地震動として最強地震動S_1と限界地震動S_2を決定し、S_1地震動に対しては弾性設計を、S_2地震動に対しては塑性変形を許容し放射能が大量に漏れないことを条件にしている。そしてS_1地震動は1万年以内に活動したか、5万年以内に繰り返し活動した活断層や歴史記録がある地震を対象とし、S_2地震動はM6・5の直下地震や地震地体構造上の地震を対象とすることを明記している。

柏崎刈羽原発では、S_1地震動は、一六〇〇年の越後高田の地震（M7・7）と一八二七年の越後三条の地震（M6・8）と、原発から20キロの位置にある長さ17・5キロの活断層＝気比《きひ》の宮断層がM6・9の規模の地震を起こすとしてS_1地震動を決定している。この地震が起きた時に柏崎刈羽原発の解放基盤表面の揺れS_1は300ガルとされた。

また、念のために限界地震も考えることになっている。限界地震によってもたらされる揺れは、S_2地震動とされ、M6・5の直下地震や地震地体構造上の地震を対象として決める。柏崎刈羽の限界地震による揺れS_2は450ガルとされた。

3 中越沖地震で起こったこと

その1．大きな揺れ

中越沖地震の柏崎刈羽原発の観測値は1号機原子炉建屋地下5階の東西方向が680ガル、地下250メートルの地震計が993ガルだった。

設計時の想定は、基準地震動S_2で原子炉建屋地下5階は274ガル、地下274メートルの解放基盤表面は222ガルとなっている。

二〇〇八年五月二十二日、東京電力は1号機の解放基盤表面のはぎ取り波*は1699ガルだったと発表した。設計時の基準地震動S_1は300ガル、基準地震動S_2は450ガルであるから、S_1の5.7倍、S_2の3.8倍に相当することになる。想定を大きく超える揺れが起きた事実は現行の地震想定の誤りを示している。

これは、算定方式の根本的な誤りで全国の原子力施設に共通の問題だ。

中越沖地震の地震規模はマグニチュード6.8でしかなく、いつ、どこでも起こりうる中規模地震である。それでも大きな揺れを記録したのだ。

その2. 地殻変動で建物が傾く

柏崎刈羽原発の中越沖地震が明らかにした問題は大きな揺れだけではない。地殻変動で原子炉やタービン建屋が傾き、ひび割れた事実がより深刻であると考える。

原発は「強固な岩盤に設置しているから大きな地震がきても大丈夫」と宣伝されてきた。しかし、中越沖地震で柏崎刈羽原発の原子炉建屋・タービン建屋は傾き、壁にひび割れが生じている。建屋は地震前から傾いていたことも判明した。これは、反対運動も国も想定しなかったことだ。

反対運動では、一九九一年に「原子炉炉心の直下にある断層が動いても安全なのか、動かないから安全なのか」の関心から国会で議論してもらい、国から「動かないから設置を許可した」との答弁を引き出している。

*やわらかい地盤や地上の構造物などを全部はぎとったと仮定した強固な岩盤、つまり解放基盤表面で想定する地震波。

原子炉やタービン建屋の傾きは、反対運動が指摘して初めて明らかになったことなのだ。中越沖地震で、敷地南西部の柏崎市荒浜の一等水準点4462が30ミリ余り沈下し、水準点から100メートル西の荒浜漁港が10センチ隆起したことを、産業技術総合研究所や国土地理院が発表している。

そのため反対運動で、敷地北東部の刈羽村の3級水準点（10年ほど前に下水道事業のために設置）を測量して敷地周辺の隆起や沈降を確認し、東京電力に「敷地が波打っている、建屋が傾いたのではないか」と追及した結果、二〇〇七年十月十二日に「傾きの変化」が公表された。しかし、公表は建物傾斜の変化を示したに過ぎず、測定した標高値は地震から1年経過した現在も非公開のままである。

柏崎刈羽原発の原子炉建屋やタービン建屋の直下にはαβと命名された断層やF系、V系、L系等の多数の断層が存在している。これらの断層は基盤の西山層とともに後期更新世の堆積層である安田層を切っており、安田層堆積以降の活動を示している。これらの断層が再活動しないこと、新たな断層が生じないことが、設置許可の条件だった。

中越沖地震では敷地内に多数の線状の亀裂が発生したり原子炉やタービン建屋が傾いたのである。これらの事実は直下の断層が再活動したり新たに断層が生じたことを示唆している。

しかし、東京電力はその調査をあいまいにしている。二〇〇七年十二月末までに、荒浜側でβ断層と4号機東の地表部の線状亀裂、大湊側でF－3断層の3カ所だけを調査すると言っていたが、その後、さらなる調査も進んでいる。

その3．敷地を含む柏崎刈羽一帯の地殻構造運動

地震前から、柏崎刈羽原発を含む、西山丘陵や柏崎平野、柏崎平野と長岡平野を画する中央丘陵（小木ノ城背斜）の地殻構造運動は周知の事実だったが、これすら東京電力と国は否定してきた。

測量の基準点として、三角点や水準点、ＧＰＳの基準点がある。三角点は見晴らしのよい山頂等に設けられ、一等水準点は旧国道２キロごとに設置されている。ＧＰＳ基準点は一九九五年の阪神淡路大震災後に30キロごとに設置され、リアルタイムで人工衛星の電波を使って観測されている基準点である。中越沖地震ではこうした基準点が大きく動き、地殻構造運動を裏付けた。

中越沖地震では原発敷地から３キロメートルのＧＰＳ基地の柏崎１が北西方向に17センチ移動し、海岸線の国道３５３号線沿いの一等水準点は原発から６キロ北東の椎谷の観音岬が最大で30センチも隆起した。

東京電力も国も、柏崎刈羽の地殻構造運動は、地震を伴わない、ゆっくりとした全体隆起は続いているが、地震活動や褶曲活動は13万年前の後期更新世以降は終了していると主張してきていた。

中越沖地震で原発敷地一帯で大きな地殻構造運動が確認されたにもかかわらず、国はその事実を認めていない。

二〇〇八年一月十八日の国会議員の「中越沖地震で敷地や敷地一帯で地殻構造運動があったこと

を国土地理院等が報告している。これは従前の国や電力の主張と異なる。地殻構造運動の存在を認めるか」の質問主意書への回答は、中越沖地震を踏まえても「原発敷地や敷地付近の西山丘陵地域は第四紀後期の地殻構造運動に伴う褶曲及び断層運動はない」と判断しているである。

中越沖地震に伴う地殻変動の記録は以下の国土地理院や産業技術総合研究所のHPで閲覧できる。

http://unit.aist.go.jp/actfault/katsudo/jishin/niigata070716/report/070718/index.html

http://www.gsi.go.jp/WNEW/PRESS-RELEASE/2007/0720b.htm

http://www.gsi.go.jp/WNEW/PRESS-RELEASE/2007/1002.htm

その4．地盤沈下・その他建物の被害

中越沖地震では、原発周辺地域の宅地地盤が液状化や地すべりで大被害が発生した。原発敷地内でも地盤沈下や液状化が広範囲に発生している。

3号機変圧器の火災や排気筒のダクトのずれは、埋め戻し土に設けた浅い基礎と、重要構造物として岩盤に設置させた基礎との間の不等沈下が原因だとされている。システム全体が、一体として機能しなければ安全を確保できない原子力施設の耐震性がこれほどお粗末なものだとは、中越沖地震まで誰も知らなかったことだ。

原子炉建屋やタービン建屋は西山層にまで掘り下げて設置されているが、前述のように中越沖地震で傾いた。付属施設や建物は埋め戻した土や砂の上に建設された通常の構造物だったため、著し

い被害となった。

4 海底活断層と復興ビジョン

二〇〇七年末に新たな動きが集中した。ここでは、海底活断層問題と新潟県が策定した中越沖地震復興ビジョンに言及する。

海底活断層、再評価非公表事件

十二月五日、東京電力は、新潟県中越沖地震の震源となった活断層として疑われていた海底断層(F‐B)を「二〇〇三年には認識しながら公表しなかった」と「総合資源エネルギー調査会・原子力安全・保安部会、耐震・構造設計小委員会、第二回地震・津波、地質・地盤合同ワーキンググループ」に報告し、記者会見で発表した。

この事態を踏まえ、反対運動は十二月十二日と十八日に国と議論し、一月十二日には柏崎現地で保安院と議論した。以下は、その議論で明らかになったことである。

原発推進の御用学者等は、再開論議を繰り返しているが、事態の深刻さを知る者は、なぜ東京電力は申請段階で震源となる活断層を見落としたかに注目してきた。審査の活断層の認定基準に誤りがあったのか、東京電力の柏崎での認定に誤りがあったのかへの関心が高まっていた。こうした議論は新聞紙面でも国が設置した審議会でもあった。集中砲火を浴びた東京電力が「活断層だと認識し、報告していた」と居直ったのが今回の出来事の背景である。

国も東京電力も、「F・B断層は活断層と認識したがその活断層が地震を起こしてもS_2地震動以下だから公表しなかった」と主張しているが、これは詭弁である。S_1地震動を超える活断層を放置していたことを重視しなければならない。

柏崎刈羽原発は、原発から20キロの位置にある長さ17・5キロの活断層＝気比の宮断層がM6・9の規模の地震を起こすとしてS_1地震動を決定している。海底活断層F・Bは原発から18・5キロの位置にあり長さ20キロであり、より近くに、より長い断層を認識すればS_1地震動の見直しと

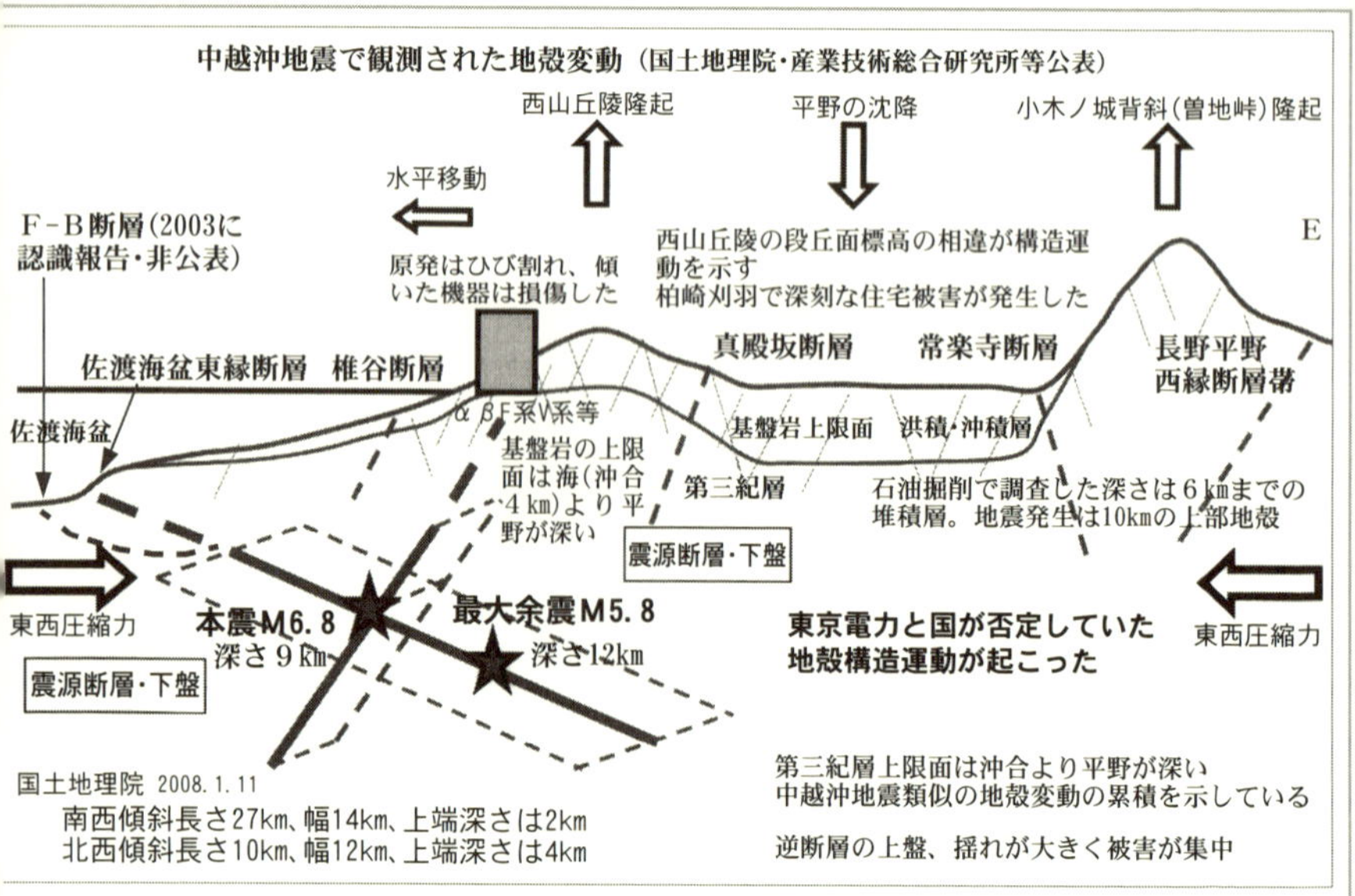

図4-1　中越沖地震概念図

なってくる。国（保安院）は、新規立地ならS_1地震動の見直しが必要だが、既に許可し運転中の原発ゆえS_2で比較したという。

この問題発生時期を振り返ってみよう。

保安院の再検討指示は二〇〇二年前期とのことだ。この直後の八月二十九日に東京電力のひび割れ隠し事件*が発覚し、原発は定期点検で停止すると運転再開できない事態となり、翌年二〇〇三年三月二十九日に柏崎刈羽原発の全7号基が停止し、四月には福島原発も全部停止して東京電力の原発17基全部が停止したのだ。その直後の六月十五日に海底活断層の再評価を国に報告したが、国も電力会社も公表しなかったのである。公表すれば、耐震補強工事が完了するまで運転再開できなくなるため秘匿した、と言わざるを得ない。

この時期、東京電力は地域に「安全第一に情報公開します、体質改善を進めます」と公約していたのである。

安全より電力供給が優先する電力会社や国に、地域と国民の安全や安心を期待することはできないと考える。

何よりも重要なことは、想定を大きく超える地震動＝算定式の誤り

公表しなかったことも電力会社や国の姿勢や体質の問題として重要だが、中越沖地震が断層の長さと断層からの距離から原発の揺れを算定し耐震設計をしていた手法が実態と合わないことはもっ

*『検証東電原発トラブル隠し』（岩波ブックレット、原子力資料情報室、二〇〇二年）

と重要である。

こうした手法が全国の原発で用いられ、今も放置されていることの重大性に注目してほしい。何よりも深刻なことは、旧基準の揺れの想定が過小評価であることが明白になった事実だ。現在運転中の原発は歴史地震や活断層から地震規模を決め、震源からの距離で原発の揺れを決定し、その揺れに耐えられるように建物や機器を設計・施工している。

地震規模と震源からの距離で揺れを想定する式に重大な誤りがあったことを中越沖地震が示した。これは、これまでの設置許可の誤りを示す事実であり、全国の原子力施設に共通の問題である。

中越沖地震が海底活断層（F - B）で起きたのかどうかの議論は完結していないが、同様の活断層が東京電力・柏崎刈羽、北海道電力・泊、北陸電力・志賀、中部電力・浜岡、日本原電・敦賀、関西電力・美浜、大飯、高浜、中国電力・島根の9発電所の周辺にあり、その海底活断層が起こす地震が設置許可時の最強地震動S_1を超える発電所は、東京電力・柏崎刈羽の他、北陸電力・志賀、日本原電・敦賀、関西電力・美浜であると判明した（二〇〇八年一月十八日の近藤正道（参議院議員）質問主意書への回答）。早急に対応を求めなければならない。

両論併記の復興ビジョン

暮れも押し迫った二〇〇七年十二月二十七日、「中越沖地震復興ビジョン策定委員会」は、復興ビジョンを新潟県知事に提出した。

この中には、被災地は原発に大きく依存した地域であると現状を分析し、短期間での運転再開は難しいので相当の税収減や雇用喪失となること、原発依存を低めなければならないこと、運転再開ができる場合とできない場合の2ケースをそれぞれに分けて併記している。公的報告書で原発の廃止閉鎖が登場したのは初めてのことである。

これまで、長年原発推進で行政運営してきた新潟県ですら、運転再開は容易ではない、廃炉もありうると考えていることが具体的に行政文書に現れた結果だと考える。

復興ビジョンは下記アドレスから入手できる。

http://www.pref.niigata.lg.jp/HTML_Article/vision,0.pdf

科学と技術、理学と工学

原発建設目的の調査では真相解明はできない。再開目的の調査では安全確保はできない。

原発の地質・地盤に関する調査は、原発用地の買収と、影響海域の漁業権交渉が完了してから行われる。

柏崎刈羽では、50億円で用地買収がされ、50億円で漁業権買収が済んでいる。100億円を投資してからの調査だから、「原発には不適地です」の答えはでない。安上がりの原発を早く建設するために、故意に活断層の見落としをしている。コンサルタントの調査者に倫理観は感じられない。

柏崎刈羽原発のボーリング調査の多くは新潟県内の下請業者が実施した。

こうした人たちが書いた「報告書（ボーリング柱状図）は3回のチェックを受け、国には改ざんされた資料として提出されている」との話を関係者から聞いた。

下請作業員が実施したボーリング結果は、まず、元請がチェックする。そして中央大手コンサルタントが手を入れる。そして最後は電力中央研究所の担当者が、審査で容易に許可されるように手を入れるそうだ。

こうした情報を教えてくれた人は、共通の知人を介して、新潟市の喫茶店に来たら内部情報・作業の実態を説明すると連絡してきた人だ。今から35年も前のことである。その人は、喫茶店で、敷地の地図を示し、「ここに行けば断層露頭がある。地すべりだと屁理屈を並べている」と具体的に教えてくれた。改ざんの手口が、よほど我慢ができなかったのだろう。

地質調査は、電力会社がコンサルタントに発注し、コンサルタントが調査報告を作成する。コンサルタントは、再度仕事を受注するために、電力会社の都合が良いように報告書を作成する。

理学と工学、地質調査と耐震設計の役割分担も、活断層の無視で甘い耐震設計の温床になっている。理学の領域に属する地質調査は、報告書として工学領域の耐震設計に引き継がれる。

調査では不都合な事実は（たとえば、断層は見つからなかったとして）見逃す。

真相解明のための理学・地質調査は、不都合なことは見なかったことにするしかないのだ。

設計では調査で報告のない設計に不都合な事実（断層の存在）はないものとして耐震設計がなされる。

物を造るための技術・工学には、「これでは造れません」との回答はないのである。造るための技が技術であり、工学なのだ。

調査や設計の従事者はきわめて多忙なために、その仕事のもつ意味を深く考えることなく、流れ作業で仕事を消化するのが一般的である。そうしないと仕事を絶たれてしまうのだ。

専門家として重い倫理観が求められると考えるが、公益を考え安全追求をする風潮は見られない。それが、数々の電力会社の不正隠蔽事件だったと考える。

内部告発で情報提供する人は稀だが、こうした内部情報で不正の一端が明らかになったのだと考える。

原子力関係者はより慎重にすれば莫大な対策費が必要となるため、不都合な事実に目をつむり、「断層が確認できなかった」として無視し、甘い地震想定で柏崎刈羽原発を建設した。その結果が、中越沖地震による柏崎刈羽原発の地震被害である。ある意味で自業自得と言えるかもしれない。

以上が、柏崎刈羽原発の地盤論争の中で、私が得た教訓である。

中越沖地震後、経済産業省は、「中越沖地震における原子力施設に関する調査・対策委員会」を設けた。その下にいくつかの作業部会がある。その作業部会の様子は開催から半月後には、配布資料も議事録もインターネットで公開されているが、それを見て驚いた。

設計条件を大きく超える揺れが生じたのだから、建屋や機器は想定の何倍もの地震力を受けた。ものづくりの常識では設計条件を大きく超える外力に曝された器物は廃棄されねばならない。

それを、機器は余裕をもって造ってあったからとの理由で、材料の強度に設計時と異なる大きな値を用いたり、有限要素法（FEM）による解析で、壊れなかったとこじつけようとしている。

彼らの検討手法の結果には廃炉はなく、必ず運転再開である。

建設時に設計に用いた手法を勝手に改め、地震で壊滅的被害を受けた原発を計算上は大丈夫だったとして、キズモノ原発の運転再開を目指しているとしか考えられない。

これは、国家による耐震偽装手法であると考える。これに多くの専門家が関わっている。

柏崎刈羽原発は、建設時に建設目的の調査（アリバイ調査）を実施し、その調査結果に基づき設計施工して、中越沖地震で破壊された。

調査・審査・設計施工段階の数々の問題は、二〇〇八年一月に新潟日報社が安全審査に関わった関係者を取材してまとめた「はがれたベール・検証　設置審査」に、安全審査の実態のなまなましい裏話として掲載された。下記アドレスから見ることができる。

http://www.niigata-nippo.co.jp/rensai/n78/n78.html

変わった柏崎市・新潟県、変わらぬ東京電力と御用学者

中越沖地震以降、新潟県や柏崎市は原子力発電所に大きな不信を持つようになった。長年原発推進を続けてきた地方行政が大きく方向転換したように見受けられる。背景には無責任な国の原子力行政と東京電力の対応があったと考える。

新潟県の泉田知事は、九月県議会以降、「現在は調査中、調査結果によっては廃炉もありうる」と繰り返し発言している。「国の調査では真相解明はできない、新潟県原子力技術委員会の委員を拡充して国の調査結果を検証する」としている。

柏崎市の会田市長は、地震直後の敷地の破損状況を調査した消防庁・消防署の勧告で非常用発電機の軽油タンクの使用禁止命令を出した。命令解除の条件は、安全確保と長年続いた地盤・地震論争の決着＝地域・国民のコンセンサスだとしている。

背景には、地域の原子力に対する不信・疑念がある。被災地の最大の関心ごとは柏崎刈羽原発の今後のことである。原発が運転再開して不安な生活に戻るのか、原発のない地域づくりをするのかが地域に問われている。

推進派は依然として原発に寄生した地域づくりを画策している。現段階での推進派の主張は、雇用の喪失と・税収減を含む経済損失である。

国と東京電力は、運転再開しか考えていない。耐震偽装手法を使ってキズモノ原発の再使用を画策している。その尖兵が原子力に群がる「御用学者」である。その手口は、情報公開・説明責任の時代となったため、不完全ではあるが公開されるようになった。彼らの手口を原子力発電所に不信を持った地域住民・国民に暴露していく必要がある。

知足の考えで脱原発を・柏崎刈羽原発の中越沖地震被害を全国に

手元に電力消費量の推移の図表がある。電力統計から作成したものだ。（図４－２、図４－３）二〇〇一年までは毎年のように、電力消費量が増加していたが二〇〇一年以降はほぼ一定で推移している。

柏崎刈羽原発は７基あり、総出力８２１・2万キロワットで、東京電力の全発電施設の13パーセントだといわれてきた。二〇〇七年夏、柏崎刈羽原発が全滅したのに首都圏では停電もなく、ネオンは輝き続け、特段の節電キャンペーンもなかった。現在の電力需要は、電力会社や電機メーカーの販売拡大の結果だと考える。次々と電気製品が氾濫して電力需要が拡大したが、省エネや少しの我慢で、10年前の水準に戻りさえすれば、原子力発電は不要になる。既に、日本の総人口は減少に転じている。もはや、電力需要が拡大する必要はない。

地球温暖化対策は、仏教用語の「知足」の考えで、電力需要を減少させて対応すべきだ。効率第一で大規模集中立地した柏崎刈羽原発はたった一度の地震で長期間再起不能となり、廃炉さえ現実的課題となっている。中越沖地震で長期間の停止を余儀なくされた柏崎刈羽原発は、大規模集中立地の電力供給に対する警鐘でもあったのだ。

地震列島の原発反対運動に地震論争は重要である。実際に中越沖地震で柏崎刈羽原発が大きく被災した。幸い大量の放射能漏れの事態は回避されたが、建屋や機器の調査が進行中である。

国や東京電力は運転再開のアリバイ調査でしかなく、真相解明は期待できない。

　新潟県や柏崎市は、国や電力会社の対応に不信を深めている。海底活断層問題では協定に基づきなぜ公表しなかったのかの調査報告を求め、厳しく対応した。

　柏崎刈羽原発の論争の今後に注目していただきたい。

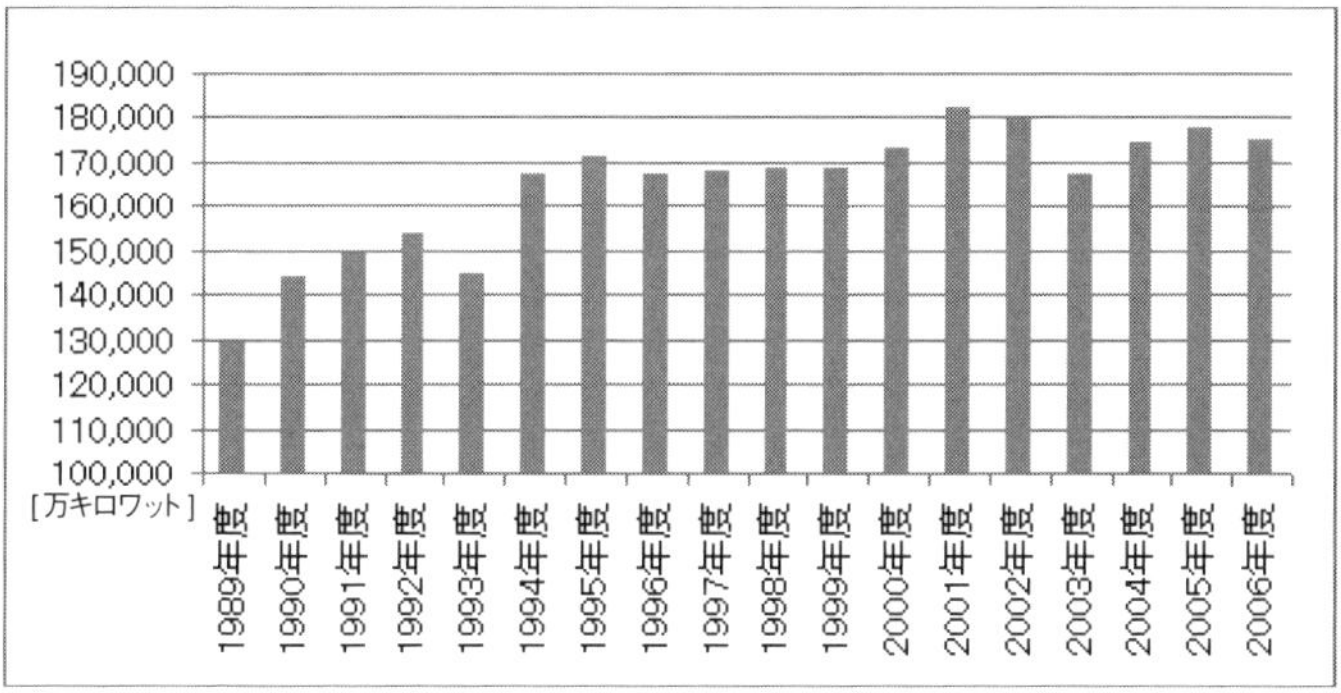

図4 -2　全電力　最大電力

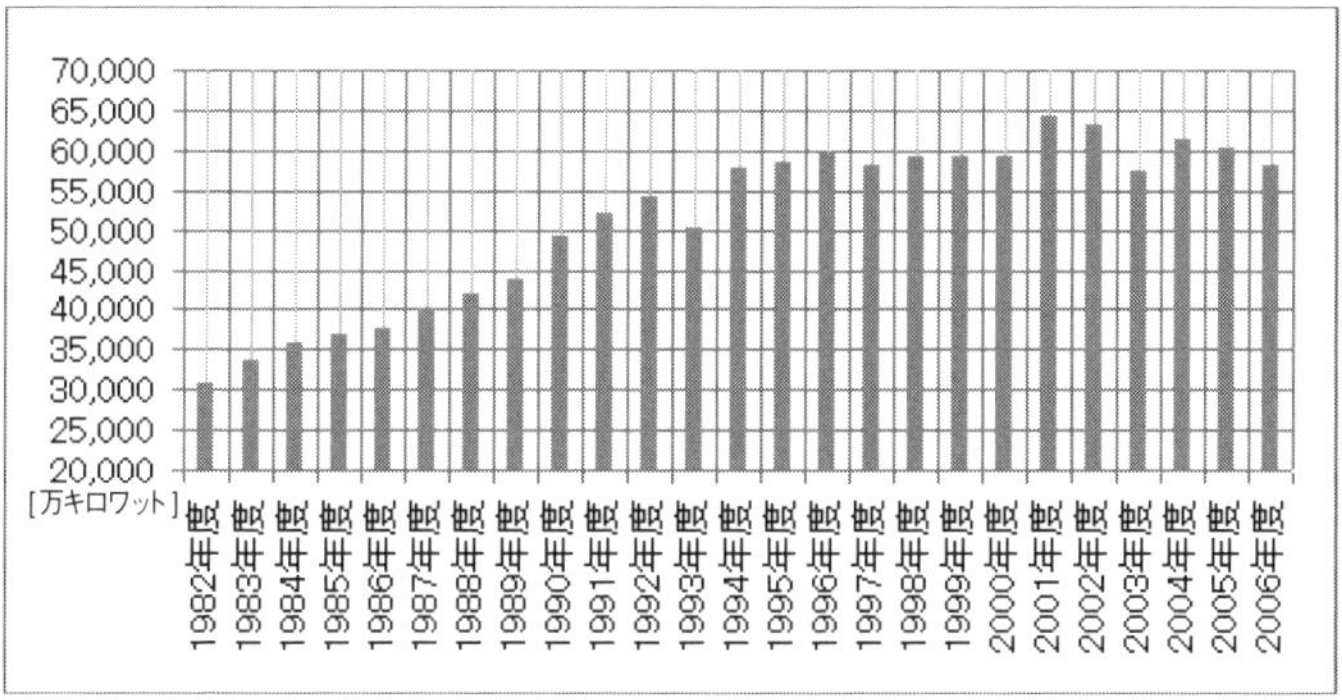

図4-3　東京電力　最大電力

5 基準地震動

中越沖地震から1年が経過し、深刻な原発の被害状況が明らかになってきた。そして、東京電力の運転再開の手法や国の対応も見えてきた。東京電力や国に任せておけないと考えた新潟県の対応も注目される。こうした項目を追加する。

中越沖地震で観測された加速度、基準地震動S_s

前述のように柏崎刈羽原発の基準地震動S_1は300ガル、S_2は450ガルで設計され建設された。この値に対応する解放基盤表面のはぎ取り波は地震から10カ月後の二〇〇八年五月二十二日にようやく公表された（詳細は東京電力HP http://www.tepco.co.jp/cc/direct/08052201-j.html）。

基準地震動S_1は「将来起こりうる最強の地震による地震動」S_2は「およそ現実的ではないと考えられる限界的な地震による地震動」である。

東京電力は、中越沖地震で観測・解析された値は1699ガル（S_1の約6倍、S_2の約4倍）、新指針で求める基準地震動S_sは2280ガル（S_1の7倍強、S_2の5倍強）とし、施設の耐震補強を始めると発表した（いずれも1号機）。大きな値となった理由は「厚い堆積層と褶曲」という柏崎の特殊性にあると説明している。この発表した値が適切か否かは、七月末現在も国や県の専門委員会等で審議が続いている。

年度末、各電力会社は「既設発電用原子炉施設等の耐震安全性評価」（耐震バックチェック）の中間報告を提出、公開した。各原発のS_sとS_2は図4-4のとおりである。＊

図は柏崎刈羽の異常に大きな想定とその他各地が横並びであることを示している。図から、柏崎刈羽の地盤の劣悪さと他原発が本当に600ガル程度で十分なのかとの疑問が読み取れる。

柏崎刈羽のS_s発表を踏まえて原子力安全委員会は、各電力会社に柏崎のような地下条件にないか再検討を指示した。

中間報告は、これまでの原発建設時の想定地震が誤っていたことを示し、中越沖地震の観測値は、中間報告はまだまだ甘い想定であることを明らかにした。

中間報告で次々と活断層を認定

中間報告では、従前の活断層認定手法が改められ、変動地形学の知見や地下探査の手法が加えられた。その結果、

＊新耐震設計審査指針（二〇〇六年九月）では、それまでのS_1、S_2を一本化してS_sとした。

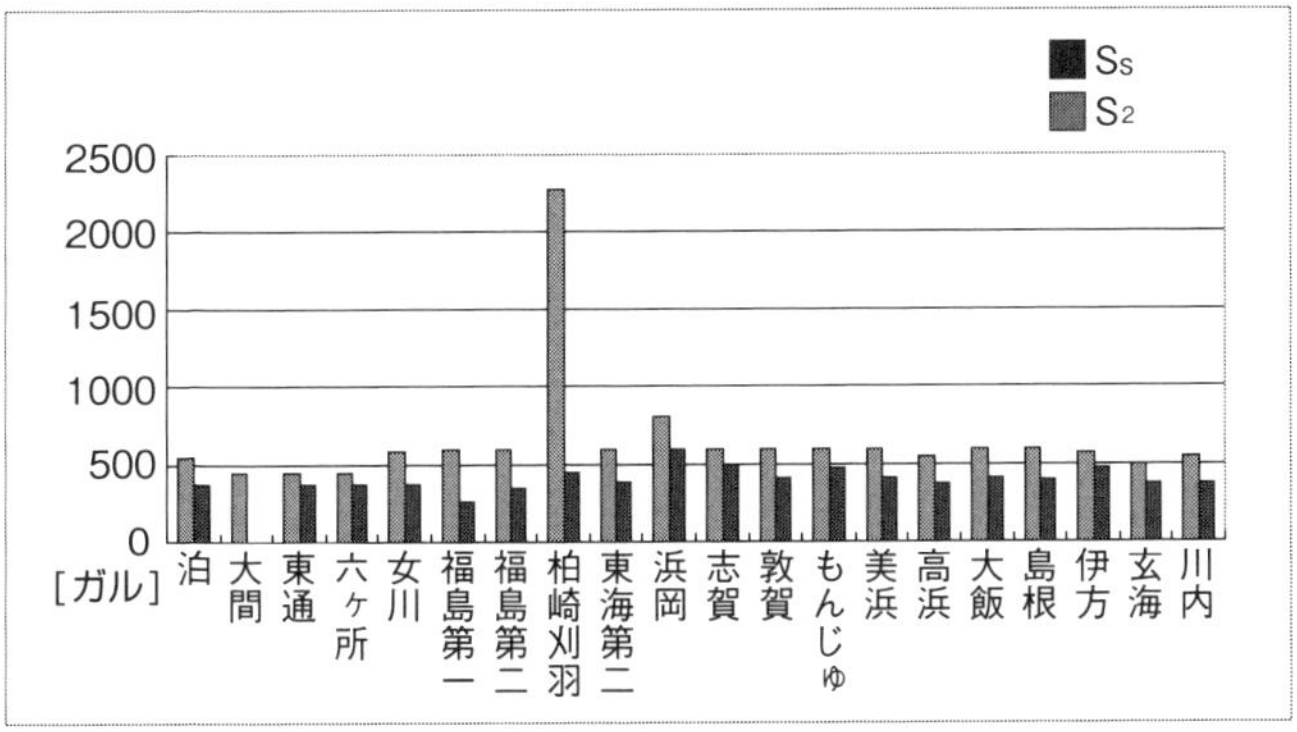

図4-4 S_sとS_2の比較

「敷地近傍には活断層がないことを確認した」から、次々と原発敷地内に地震を起こす活断層が存在することになった。

この事実だけでも、設置許可は誤りで、許可の取消しと発電所の閉鎖が必要なところ、活断層の真上に施設がなければ、耐震評価を実施すればよいと主張するようになった。

こうした経過は、近藤正道参議院議員の「原子炉立地審査指針に関する質問主意書」（二〇〇八年三月二十七日）と答弁書（二〇〇八年四月四日）を参照されたい。

原発の地震地盤論争は、これまでの「活断層の有無や地震想定が甘い」から、「断層はある・想定を超えた揺れでも大丈夫」と居直る電力会社や国にいかに対応するか、の段階になったと考える。

想定を超える地震動に襲われる事態は、女川原発で二〇〇三年と二〇〇五年の2回、二〇〇七年に能登半島地震で志賀原発、中越沖地震で柏崎刈羽原発と、既に4回に達している。

二〇〇八年六月十四日の岩手・宮城内陸地震発生は、全国民に日本列島が地震活動期に入っていることを実感させ、原発震災の不安が高まっていると考える。

原発社会からの脱却を目指す運動を担う者は、柏崎刈羽原発の教訓を天からの啓示として、難しい地震や地盤の問題を、分かり易く訴えていかなければならないと考える。


真殿坂断層が動いた。原子炉建屋・タービン建屋が隆起し傾いた。地殻変動と地盤破壊

中越沖地震で敷地地盤が波打ち、原子炉やタービン建屋が傾き、隆起した。「過去13万年間、柏崎刈羽では地殻構造運動はない」が柏崎刈羽原発の設置許可の前提であった。

中越沖地震の震源断層の上盤《うわばん》に位置する柏崎刈羽地域は隆起・沈降した。敷地を貫く真殿坂《まどがさか》断層について、「敷地北部は断層だが敷地は断層でなく向斜だ」としていた東京電力は、六月六日に大きな揺れの原因説明の資料で断層となっている図を示し断層を認めた。炉心直下には多数の安田層を切る断層があり、安田層や番神《ばんじん》砂層を切っていることから、それは新しい時代の活動を示すものだ。東京電力はこのうち4本だけを調査孔を掘って確認し、断層活動はなかったと主張している。

旧指針（発電用原子炉施設に関する耐震設計審査指針）には「重要な建物・構造物は、岩盤に設置されなければならない」と規定され、新指針には「建物・構造物は、十分な支持性能をもつ地盤に設置されなければならない」とある。柏崎刈羽原発の敷地地盤はこの規定に反する劣悪地盤であることを中越沖地震が示した。

6 幸いだった「小さな地震」と「余震の少なさ」

地震規模が小さかった

中越沖地震後に注目された「歪み集中帯」に位置する新潟や長野地域では、しばしば大きな地震が起こっている。一九六四年の新潟地震はM7・5だったし一八四七年の善光寺地震はM7・4であった。

国の地震調査委員会や東京電力ですら長岡平野西縁断層帯にはＭ８・０の地震を想定している。

中越沖地震はＭ６・８でしかなく地震規模は小さかったことが幸いした。

地震規模は「揺れの大きさ」と「揺れの継続時間」に関係する。地震規模が大きくなれば、大きな揺れと長い揺れの継続時間をもたらす。

中越沖地震は、地震規模が小さかったことが幸いして、原発は破局的被害とならなかったと考える。

余震が少なかった

二〇〇四年中越地震（Ｍ６・８）では、繰り返し大きな余震があった。Ｍ＞５が９回、Ｍ＞４は２週間で１００回も発生した。本震から２時間の間に、震度６強が２回、６弱が１回、５強が１回発生した。

二〇〇七年中越沖地震（Ｍ６・８）では、Ｍ＞５は１回のみで、Ｍ＞４は２週間で14回であった。

中越沖地震時に動いていた４基が冷温停止（運転時２８０度であった原子炉の温度が１００度まで下がる）するまで21時間を要した。この間、大きな余震が１回のみだったことは幸いだった。

本震でダメージを受けた施設が、余震で更に被害が拡大することは容易に想像できることである。

中越沖地震は余震が少なかったことも幸いして、大量の放射能をまき散らす壊滅的な大被害とはならなかった。

地震が引き起こす　複数機器の共倒れ

中越沖地震は、梅雨明け直前の七月十六日に発生した。電力需要の最大時は真夏だ。地震時は3、4、7号が運転中、2号が起動中、1、5、6号が停止中だった。

原発を停止するには、所内補助ボイラーの蒸気が必要で、柏崎刈羽原発では、ボイラーは南部の荒浜側で4基分、北部の大湊側で3基分を一緒に作り配管で各号機に供給していた。荒浜側の4基のボイラーは2基は停止中で1基は地震で壊れ、1基しか動かない状態だった。大湊側には3基のボイラーがあり2基は停止中で1基は地震で壊れ、使えない状態であった。

荒浜側では、変圧器の火災で世界的に有名になった3号機と4号機は運転中、2号機は起動中だった。

3号機は原子炉建屋のパネルが落下し負圧を維持できなくなっていたため、優先的に対処することになり、4号機は後回しになった。「止める・冷やす・閉じこめる」の機能は維持され、日本の原発技術の高さを示した」との宣伝もあるが、綱渡りだったことが窺える。（第三章参照）

原発は、単一故障しか考えておらず、地震で一斉に多数の事故が発生することは想定していない。柏崎刈羽原発では中越沖地震で三千数百件の異常が報告されている。

供給体制から見た、脆弱な大規模集中立地原発

電力の3分の1は原発の電気だと盛んに宣伝されている。そして地球温暖化対策としてCO_2を出さないクリーンな電力源＝原子力の宣伝が繰り返されている。

その一方でオール電化の住宅を、との大々的宣伝が繰り広げられている。

柏崎刈羽原発は東京電力の発電設備の13パーセントを占める巨大基地だ。地震列島の原発はひとたび地震に襲われると一地点の全部がダウンしてしまう。東京電力は中越沖地震で柏崎刈羽原発が停止したことで赤字に転落した。効率優先で大規模集中立地の原発の脆弱さを示した。

中越沖地震は、需要拡大でなく、分散型電源や省エネが緊急に必要なことを示したと考える。

情報公開・地方の時代　柏崎刈羽原発を巡る新潟の動き――新潟県原子力技術委員会

中越沖地震の発生や今回震源であったと推定されている海底活断層（F－B）を二〇〇三年に活断層であると認識しながら、国に報告したものの公表しなかった事実の発覚（二〇〇七年十二月五日）を踏まえ、地元独自に判断するために県は新潟県原子力技術委員会を拡充し、「設備健全性、耐震安全性に関する小委員会」と「地震、地質・地盤に関する小委員会」を設けた。

設備健全性、耐震安全性に関する小委員会は、8人の専門家で構成され、二〇〇八年三月十四日に第一回が開催され、七月下旬段階で5回開催された。

「地震、地質・地盤に関する小委員会」は、6人の委員で構成され、三月十七日に第一回が開催され、

七月下旬段階で9回開催された。

会議は、一般とマスコミの傍聴の中で開催されている。議論の詳細は新潟県のホームページ（http://www.pref.niigata.lg.jp/genshiryoku/）に公開されている。

国も「中越沖地震における原子力施設に関する調査・対策委員会」を設けたり、既存の「耐震・構造設計小委員会」の「構造ワーキンググループ」や「地震・津波、地質・地盤合同ワーキンググループ」での議論が続いている（http://www.nisa.meti.go.jp/00000004/04a00000.htm）。

かつては、記録や議論が秘匿され、公開されなかった原発関係の審議が情報公開されるようになったことは大きな変化である。

国の委員会は、多くの行政が設ける専門家委員会がそうであるように、行政の選択・決定を権威付ける役割を担っていると考える。最近も、公害でも薬害でも、業界寄りの判断をする委員が関連業界から委託研究費を得ていたことが問題になった。

原発に関係する審議会は、設置許可を出した委員会の委員が、業界のアドバイザーであり、事故が起こった際には調査委員会の委員になることが批判されて久しい。

しかし、新潟県の原子力技術委員会は、中越沖地震後に大きく変わった。

中越沖地震前、耐震設計審査指針の改定で委員を補充した際に選任された委員は、長年、設置許可に支障となる「活断層」を「地すべり」だと電力会社を指導してきた問題人物、衣笠善博東京工業大学教授だった。衣笠教授は一九八八年に六ヶ所再処理工場の「活断層」を「地すべり」でなければ安全審査で説明できないとアドバイスしたことが衆議院の科学委員会で取り上げられた前科を持つことから、地元反対運動は、解職請求を直接に行った。また県議会でも当時の国会議事録が読み上げられ、県民の新潟県の原子力行政への信頼確保や、県民の安心を得るためには解職しかないとの議論が交わされた。その際に県当局は「原子力行政に深く関わり、内部事情を熟知している誰にも代え難い人物である」と答弁している。中越沖地震以降は「議論は全て公開する。論点が明確になるための必要人物」と説明するようになった。

中越沖地震後、新潟県は原子力技術委員会の委員にあえて、真理追究を大事にし行政に無条件に追従しない研究者を選任した。

こうした研究者の小委員会での発言が、国の対応の修正につながっている。

たとえば、中越沖地震の震源だと見られている海底活断層は、設置許可当初には東京電力は7キロの断層であるが活断層ではないとしていたが、二〇〇三年に20キロの活断層であると見直し、中越沖地震後には30キロ、34キロ、二〇〇八年八月六日さらに36キロと延ばしてきた。しかし、変動地形学の渡辺満久東洋大教授等は50~60キロだと主張し、小委員会の委員も安全サイドで評価すべきだと主張している。一方電力会社擁護の委員は、その主張は非科学的であるとし、論争が続いていた。そうした中で二〇〇八年六月二十七日の国の合同委員会で、延長部分の海底探査を国が実行すると表明した。新潟県の技術委員会の議論を無視できずに、国が地方の議論に従った事例として注目したい。

また、国が新潟県の「設備健全性、耐震安全性に関する小委員会」の議論を踏まえ、東電に詳細調査を指示し、東電との間で立場が相違している事例がある。

国や東電は、国の「耐震・構造設計小委員会・構造ワーキンググループ」で、中越沖地震でも設備には余裕があった（解析より実際のほうが小さい応力だ。材料の許容値には余裕がある。材料は破壊値に比較して充分な余裕を持って許容値を決めている）と、耐震偽装顔負けの主張を展開して、遮二無二運転再開しようとしている。こうした主張に対して、新潟県の「設備健全性、耐震安全性に関する小委員会」では、想定を超える地震動に襲われた機器は目に見えない損傷がある、現在の検査方法では確認不能である、実態把握が重要だとの意見がだされている。この議論を踏まえて国は、設計値と解析値で余裕のない部位の詳細点検を東京電力に指示したが、東京電力は放射線強度が強く人が近づけないという理由で目視点検で済ませようとしている。

東京電力と国との間に溝が生じていることを実感する出来事である。

従前は国策民営と言われる原子力行政は、電力会社の意向を国が先取りし、県や市町村を従わせて進めてきた。

事例とした件は、いずれも、新潟県の技術委員会小委員会の議論を無視できずに、国が対応した事案として注目される。

中越沖地震で深刻な被害が発生したことや、情報公開・地方分権の時代で、原子力行政も変わらざるを得ないための変化であるのだろう。

中越沖地震から1年を経過した柏崎刈羽の現状

中越沖地震は、全壊1330棟を含む計4万2468棟の住宅に被害があった。（二〇〇八年七月発表）現在、柏崎刈羽の住民と新潟県民は原発の行く末を凝視している。

地震発生から1年を経た現在も900世帯2500人余が仮設住宅で暮らしている。

柏崎刈羽は稲作地域である。二〇〇六年は3000トンのコシヒカリが販売されたが、地震のあった二〇〇七年度は2000トンでしかないとのこと。

柏崎は40キロの海岸線に15カ所の海水浴場を有する「海の町」である。中越沖地震は柏崎市の観光を直撃した。原発が被災したことで風評被害が広がり、宿泊キャンセルが殺到。海水浴客は前年の104万人から、わずか16万人にまで激減した。廃業に追い込まれた民宿も出た。

県は地震直後、観光への風評被害額を推定500億円としたが、その後は公表していない。

農業も観光も、原発とは共存できないと考える。

マスコミ各社が、地震後1年の世論調査を実施している。サンプル数は必ずしも多くないが、再開願望が4分の1、廃炉と再開反対が5分の1、不安だが再開を容認せざるを得ないが3分の1、分からないが5分の1である。10万人の地域で6000人が原発から生活の糧を得ている原発城下町であり、隣人や友人・知人が原発で働いていることを考えれば、完成し運転を続けてきた原発を無条件で支持する者が4分の1でしかない事実は大きい。

いずれにせよ、中越沖地震は地震列島に現在暮らす私たちに多くの教訓を与えている。

頻発する地震に何をなすべきか・地震論争の新たな事態にいかに対応するか

昨年（二〇〇七年）は、三月二十五日に能登半島地震（M6・9）と七月十六日の新潟県中越沖地震（M6・8）があった。今年（二〇〇八年）は六月十四日に岩手・宮城内陸地震（M7・2）、七月二十四日に、岩手北部地震（M6・8）が起こった。

日本列島は、繰り返し起こる海溝型の南海地震や東南海地震の発生後は数十年間の静穏期があり、内陸地殻内地震が活発となって、ふたたび南海地震や東南海地震に至る活動期に入ったと言われている。

下表（190ページ）は最近起こった地震と原発で観測された加速度等である。

地震活動の静穏期に次々と建設された55基もの原発の老朽化が進んでいる中で日本列島は活動期となった。

地震列島に現在暮らす私たちは、原子力施設の地震・地盤問題にどのように対処しなければならないのか、読者一人ひとりが問われていると考える。

一九九五年　兵庫県南部地震以降の　原発と地震を巡る動き

①一九九五年一月　兵庫県南部地震（Ｍ７・３）　95・1～9　原子力安全委員会が関係指針類の妥当性を検討

②二〇〇〇年十月　鳥取県西部地震（Ｍ７・３）　島根原発：震央距離45キロ、２号機基礎版上　34ガル

二〇〇一年　原子力安全委員会で耐震指針改定の検討開始

③二〇〇一年三月　芸予地震（Ｍ６・７）　伊方原発：震央距離70キロ、１号機基礎版上　72ガル

④二〇〇三年五月　宮城県沖地震（Ｍ７・１）　女川原発：震央距離48キロ、１号機基礎版上　２１８ガル

⑤二〇〇三年九月　十勝沖地震（Ｍ８・０）　石油タンクの炎上　長周期地震動が注目される

⑥二〇〇四年十月　新潟県中越地震（Ｍ６・８）　柏崎刈羽原発：震央距離28キロ、５号機基礎版上　54ガル

二〇〇四年十二月　スマトラ沖地震（Ｍ８・８）　インド洋大津波

⑦二〇〇五年三月　福岡県西方沖地震（Ｍ７・０）　玄海原発：震央距離40キロ、３号機基礎版上　85ガル

⑧二〇〇五年八月　宮城県沖地震（Ｍ７・２）　女川原発：震央距離73キロ、１号機基礎版上　２６３ガル

二〇〇六年九月　原子力安全委員会で新耐震指針原案確定。九月指針策定。保安院が電力会社に耐震バックチェック実施要請

⑨二〇〇七年三月　能登半島地震（Ｍ６・９）　志賀原発：震央距離48キロ、１号機基礎版上　２１８ガル

⑩二〇〇七年七月　新潟県中越沖地震（Ｍ６・８）　柏崎刈羽原発：震央距離16キロ、１号機基礎版上　６８０ガル

二〇〇八年三月　各電力会社が耐震バックチェック中間報告提出。五月柏崎刈羽原発の基準地震動発表

二〇〇八年五月　中国・四川大地震（Ｍ８・０）

⑪二〇〇八年六月　岩手・宮城内陸地震（Ｍ７・２）

⑫二〇〇八年七月　岩手北部地震（Ｍ６・８）

第五章　東海地震と中部電力浜岡原発——運転差し止め一審裁判の概要

只野 靖

二〇〇二年四月二十六日に静岡地方裁判所に提訴した浜岡原子力発電所の運転差し止め裁判は、足かけ5年の審理を経て、二〇〇七年十月二十六日に、残念ながら原告の敗訴に終わった。原告は直ちに控訴して、舞台は東京高等裁判所に移っている。本章では、一審裁判の審理を振り返って、判決の問題点を指摘する。

判決前、報道機関を含めた大方の予想は、原告有利とするものが圧倒的であった。それは、5年間の審理を通じて、原告の主張・立証が、被告中部電力を、圧倒し続けた結果にほかならない。

浜岡裁判の争点はきわめて多岐に渡るが、「地震」「耐震設計」及び「老朽化」の大きく3点に分けられる。「耐震設計」とりわけ「安全余裕」については第一章で田中三彦氏（元原発設計技師）が詳しく取り上げており、「老朽化」については第二章で井野博満氏（金属材料学、東大名誉教授）が丁寧な解説をされているので、これを参照していただくこととし、本章では主に「地震」と「耐震設計」の概略について取り上げることにする。

なお、田中・井野両氏と後述する石橋克彦氏（地震学、神戸大学教授）の3名は、いずれも原告側の専門家証人である。本章は、かかる専門家の証言に基づくものであるが、いわゆる「文系」（私自身がそうだ）にも理解できるよう、ほとんど専門用語を使用せず、できる限り分かりやすい説明を心がけた。もとより、その試みが十分でなく、また、科学的な厳密さが失われてしまったとすれば、それは筆者の責任である。

1 なぜ、日本は世界有数の地震国であると言われているのか？

はじめに10ページの図1‐1を見てほしい。これは、一九七五年～一九九四年の間に世界中で起きた、マグニチュード4以上、深さ100キロ以下の地震を一枚の地図に表したものだ。

日本列島は、元の形が分からないほどに、実に多くの地震によって真っ黒に塗りつぶされてしまっている。フィリピン、インドネシア、パプアニューギニア、ニュージーランド、アフガニスタン、あるいは南北アメリカ大陸の西海岸に沿った地域や、中東からトルコにかけても、同じように真っ黒に塗りつぶされている。

逆に、西海岸を除くアメリカやヨーロッパ（イタリアやトルコを除く）には、ほとんど地震がないと言っても過言ではない。

地球の地下には、およそ10数枚のプレートがあり、そのプレートがゆっくりと動き、押し合いへし合いし、地震を発生させていると考えられている。

いや、実は論理は逆であり、このような歴史地震をプロットすることにより、異なる動き方をする複数のプレートの存在が、徐々に明らかになってきたと言ったほうがよいだろう。

地震学は、科学技術の進歩、微小地震の観測網の整備、GPS観測、地下掘削の技術の発展等によって、飛躍的に進歩し続けており、今日では、実に多くのことが明らかになってきた。

日本列島についてさらに詳

図5-1　日本付近のプレート（石橋、1994）
矢印は、オホーツク海プレートに対する他の3プレートの大まかな運動方向（長さは速さに比例）。
★印は浜岡原発（筆者が追加）

しくみてみよう。図5 - 1は、日本列島のプレートの位置のモデルである。日本列島には、四つのプレートがひしめき合っていることが理解できる。私たちが住んでいる日本は、このように複数のプレートがぶつかり合っているまさにその直上にある。これでは、地震が途絶えることはなさそうだ。私たちは、日本に住む限り、地震と縁を切ることはできそうもないのである。

ところで、もともと、原子力技術は、アメリカやヨーロッパのほとんど地震のない国々で生まれたものだ。その原子力技術が地震国日本に輸入され、現在、電力会社による商業用原発だけでも実に55基が稼働している。現在、世界中で稼働している商業用原発は約430基であるから、実にその8分の1が地震国日本に集中している。このような国は、世界中を見渡しても日本だけであり、そのこと自体がきわめて異常なことだというべきなのである。

2 浜岡原子力発電所は東海地震の震源直上に建設された

地震国日本の中でも、特に大地震の発生が懸念されているのが、中部電力の浜岡原子力発電所である。

浜岡原発は、マグニチュード8クラスの地震が、周期的に確実に起きることが分かっている東海地震の震源の直上に位置している。

地震には、大きく分けて、プレート境界型と活断層型の二つのタイプがあるが、東海地震は、典型的なプレート境界型の地震である。

ここで、ほんの少しだけ、プレート境界型地震のメカニズムを説明しよう。図5・2は、プレート境界型地震の模式図である。地震発生までの長期間、上の陸のプレートと、下の海洋プレートは、がっちりと固着している。このため、陸側プレートは、海洋プレートの沈み込みにひきずられて無理に変形し、ゆがみ、エネルギーが蓄えられていく。この変形が限界点に達すると、プレート境界面の固着が破壊して地震が起こるのである。

このように、地震とは、地下の岩盤が破壊して地震波を放出する

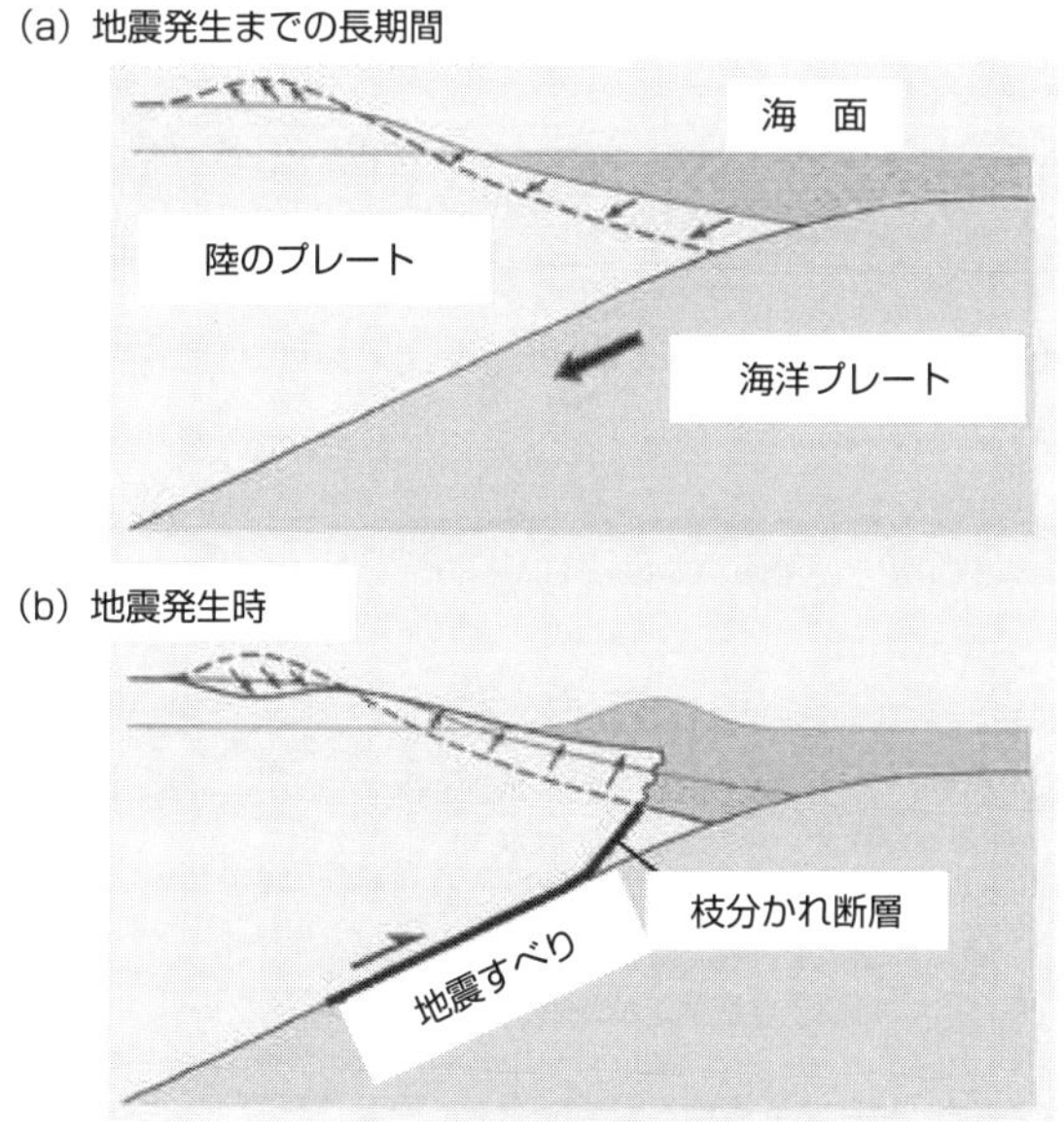

図5-2 プレート間巨大地震の発生の仕組みの模式図
(石橋、1994)

現象であり、地震による波（地震波）が地面に到達すると地面が揺れる。これが地震動である。

ところで、読者の中には、「もう何十年も前から東海地震が起きると言われているが、全然起きないじゃないか、本当に起きるのか？」という疑問をお持ちの方もいるかもしれない。

図５-３は、東海から南海地域における歴史地震を並べた石橋教授の労作である。

これを見れば、実に規則正しく、一定の周期で地震が発生していることが理解できる。そして、東海地方は、一八五四年の安政東海地震以来大きな地震のない空白域になっており、大地震の発生

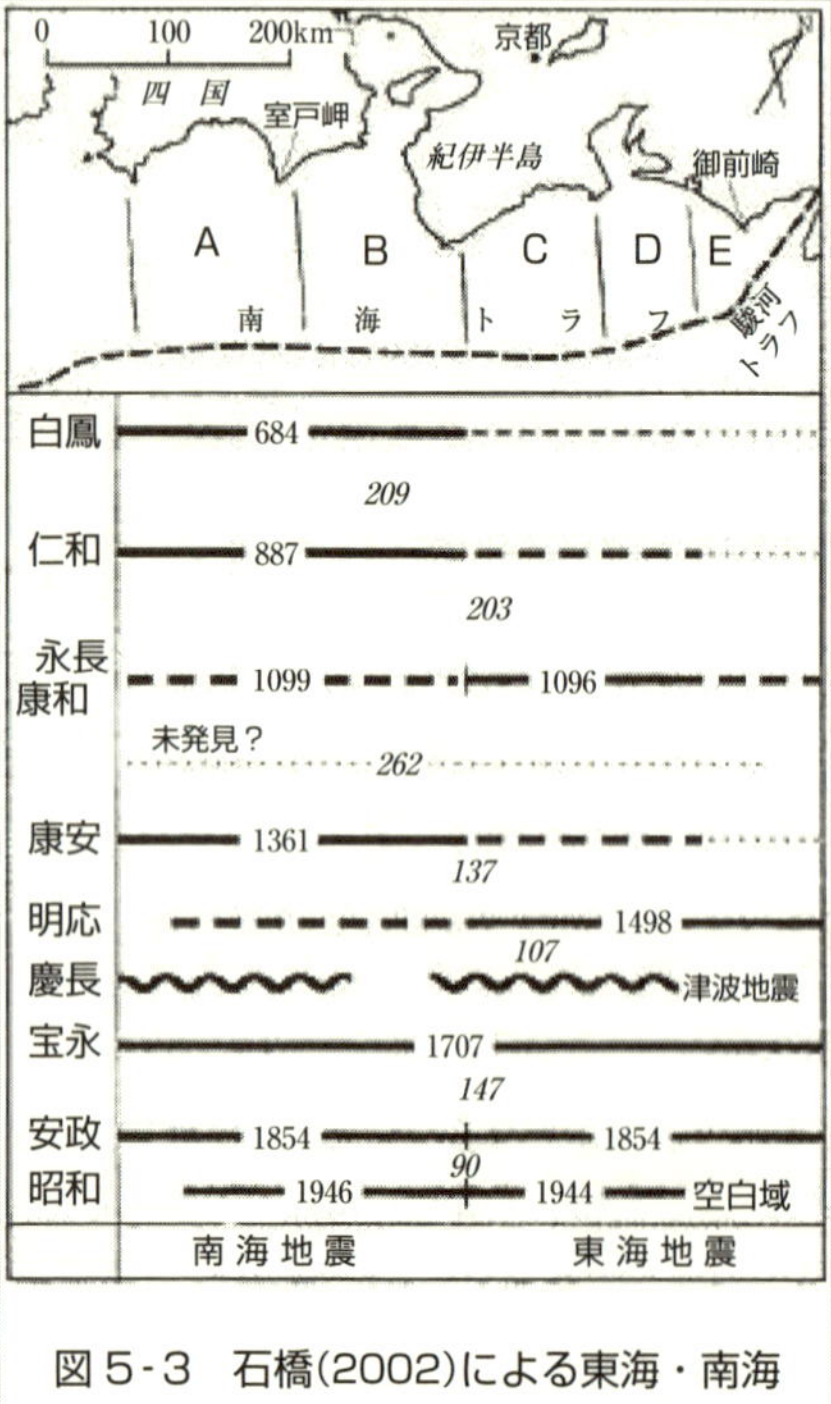

図５-３　石橋(2002)による東海・南海巨大地震の繰り返しの履歴

線は震源域の広がり（太実線が確実なもの、太破線が、可能性の高いもの、細破線が可能性の考えられるもの、細点線が不明なもの）、立体数字は発生年、斜体数字は間隔の年数。

が強く懸念されているのである。

いったい、どうして、こんな場所に原発をつくってしまったのか。

我が国有数の地震学者であり、原告側の証人として証言した石橋教授は、この点について、以下のように証言した。

「プレート間の巨大地震が起こるとこれだけ考えられているところの、その震源断層面の真上に、5基、電気出力500万キロワットという原子力発電所があるということ自体が、地震防災の観点からすれば、もう、全地球的に見て、非常に、やっぱり異常なことだと思います。われわれ日本人が、それを異常と思わない。ここでだいたい、そういう議論をしてること自体、もう異常という感じすら私、地震の専門家としてはするわけですけれども、異常を異常と思わなくなった日本人も、まあ、大変なことだと思います。これはもうほんとに全世界的、人類史的な大きな問題であろうと思っております」

また、原告・被告双方から証人申請された入倉孝次郎教授（強震動地震学、京都大学名誉教授）も、浜岡原発の立地について「そこの立地として、非常にいい場所であると私は当然思いません」と懸念を有している。

このように、浜岡原発の立地には、根本的な問題がある。

3 耐震設計とは

かかる懸念に対して、中部電力は、浜岡原子力発電所は耐震設計されており、十分な安全性が確保されていると繰り返し主張している。

では、本当にそうだろうか？　まず、耐震設計の方法を確認しておこう。耐震設計とは、要するに、

○想定する地震を決定する。

○その地震が、どのような地震波を地表にもたらすかを決定（計算）する。

○その上で、その地震波に耐えられるように、建物や機器・配管を設計する。

ということである。

中部電力が想定している地震は十分か？

では、中部電力が想定している地震は、どのようなものか。その説明はこうだ。

「設計用最強地震（S_1）として安政東海地震（M8・4）等が、設計用限界地震（S_2）として南海トラフ沿いのM8・5の地震等が選定されており、基準地震動の策定過程において、十分に安全側に立った地震の想定がなされている」

「想定東海地震に関する中央防災会議のモデル（平成十三年）は、十分な科学的根拠に基づいている」

ここで設計用最強地震（S_1）とか設計用限界地震（S_2）というのは、原発の機器・配管の設計のための基準となる地震動をもたらす地震であって、二つのレベルに分けられている。S_1は、将来起こりうる最大の地震であって、基本的には過去に起きた地震等から決定される。S_1に対しては、機器・配管は壊れないように（弾性の範囲で）設計することが要求されている。

これに対して、S_2は、およそ現実的ではないと考えられる限界的な地震であって、過去の地震の発生状況や、地震地体構造に基づく工学的な見地からの検討などを踏まえて、最も影響の大きいものが想定される。S_2に対しては、機器・配管は一部壊れることもやむを得ないが、放射性物質は閉じこめるように設計することが要求されている。

このように、原発は、二つの異なるレベルの地震が想定されており、S_1を満たすことで原発が壊れないこと（継続的な使用ができること）を、念のためS_2を満たすことで原発の壊滅的な破壊を免れること（この場合継続的な使用ができるかは大いに疑問である）を、それぞれ確認しているのである。

なお、以上の説明は、旧・耐震設計審査指針によるものである。

どのような揺れになるのか——加速度応答スペクトルについて

以上のS_1及びS_2の地震により発生する各地震動によって、地上の建物や機器・配管がどのように揺れるのか、その大きさの程度を加速度を用いて表したものが、図5-4の加速度応答スペクトルである。縦軸に応答加速度、横軸に周期が記載されている。地震から発生する揺れ（地震動）には、さまざまな周期の成分が含まれている。これが、建物や機器・配管に伝わった時に、どのような大きさの揺れになるのかが、これをみれば分かる。このように周期ごとの揺れを考慮するのは、物には全て固有周期があるので、設計にあたって、その特定の固有周期に対応する最大の揺れ（加速度）を考慮する必要があるからである。

たとえば、ある機器・配管の固有周期が0・1秒だったとしよう。これは1秒間に10回揺れるというものである。図5・4によれば、0・1秒のS_1の最大加速度は1500ガルとなっているから、設計にあたっては、この最大1500ガルの揺れに対しても、壊れないような設計をする必要がある。きわめて単純化して言えば、重力加速度は980ガルであるから、それと同

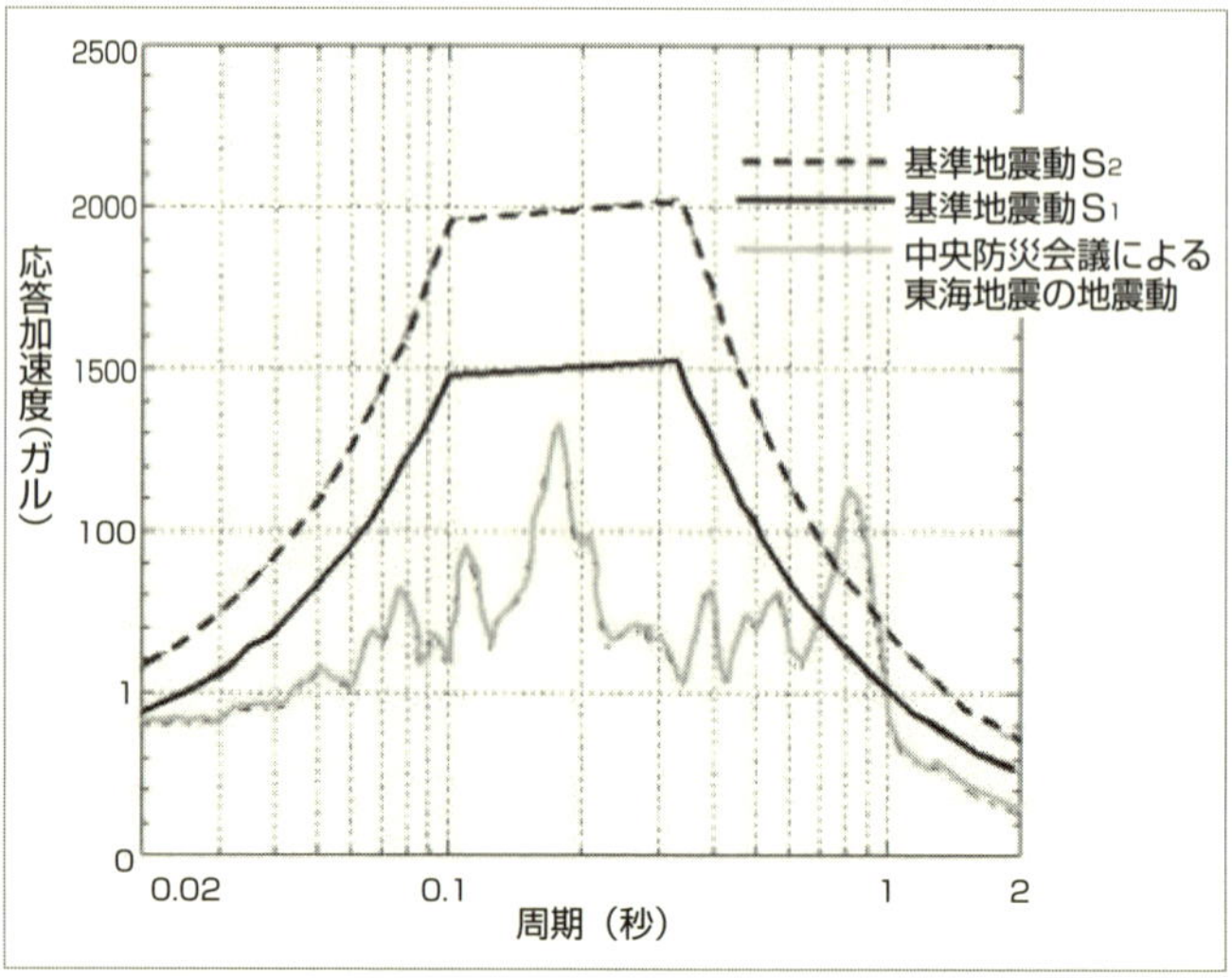

図5-4　中央防災会議による東海地震の地震動とS_1、S_2による揺れ（加速度応答スペクトル）の比較

じ980ガルの水平の揺れ（地震動）は、すなわち、自重と同じ力で水平に揺さぶられるということを意味している。揺れが1500ガルであれば、それは、自重の約1・5倍の力で揺さぶられるということになるのである。

4 中央防災会議による東海地震の地震動

問題は、中部電力の想定している地震が十分に安全側か、という点にある。

そこで、再び、話を地震に戻す。

地震動の強弱は、地震の規模（マグニチュード）だけで決まるものではなく、アスペリティの位置と震源の深さが、強い地震動を発生させる大きな要因であることが徐々に分かってきた。これも、地震学の進歩の結果である。

震源断層面の固着の程度は一様ではない。強く固着している部分とそれほどではない部分とがあり、弱い部分は最初に滑り始め、最後まで固着していた部分が破壊した時に、大きな地震動が発生することが分かってきた。この強く固着している部分がアスペリティである。このアスペリティの直上は、強く揺れる。

震源の深さとは、文字通り、地表からどれほどの深さの地点の地震かということである。一般には、震源が浅ければ地震動は大きく、逆に震源が深ければ地震動は小さくなる。

このような地震学の進歩を踏まえて、二〇〇一年に、国の中央防災会議が想定東海地震の見直しをした。その結果が、図5-5であり、見直された想定東海地震の最大加速度を示している（この場合の最大加速度は、解放基盤表面上のそれを指す。周期で言えば0・02秒と考えてよい）。

余談であるが、このような図面が最初から用意されていたわけではない。国が公表していたのは、特定の地点における、東西、南北、上下の加速度の数値の膨大な羅列であった。これを視覚的にも分かりやすいように最大加速度を抽出したものが図5-5である。

これを見ると、静岡市内が最も強い揺れに襲われることがよく分かる。その最大加速度は750ガルを超えている。浜岡原発のS_1は450ガル、S_2は600ガル（やはりいずれも、解放基盤表面上のそれを指す。周期で言えば0・02秒である）であるから、この結果からのみでも、静岡市内には、S_2を超える地震動が発生し、原発は建設できないということになる。

それに対して、この中央防災会議のモデルによる浜岡原発の敷地の最大加速度はそれほど大きくはなく、450ガル以下であった。

しかしながら、中央防災会議のこのモデルは、あくまで防災目的に作成されたものであって、浜岡原発を襲う最大の地震を表したものではない。

先に述べたように、地震はアスペリティの位置と震源の深さで大きく変わる。中央防災会議のモデルでは、浜岡原発の敷地を避けて、アスペリティが配置されており、このモデルが起こりうる最大の地震であるとはとうてい言えないはずである。

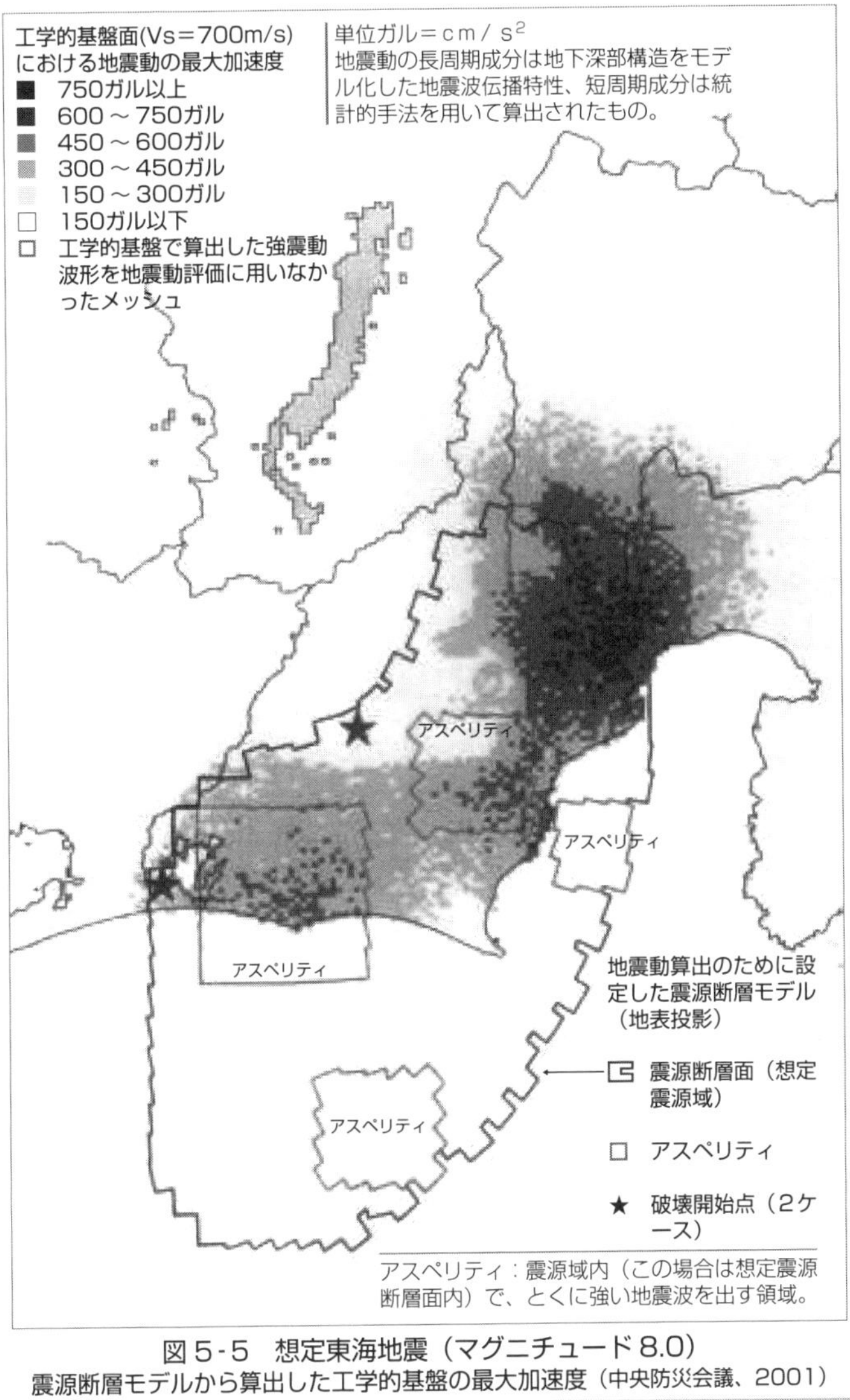

図5-5　想定東海地震（マグニチュード8.0）
震源断層モデルから算出した工学的基盤の最大加速度（中央防災会議、2001）

また、震源の深さについても、このモデルでは、浜岡原発の敷地付近は深さ20キロとされているが、石橋教授や石田瑞穂教授の学説では、さらに浅くなる可能性が指摘されており、この面でも、安全側とは言えない。

5 では、どのような地震を考えるべきか

原発においては、万が一にも放射能漏れの事故は許されない。この点については、原告・被告の主張は一致している。そして、原告は、そのためには、考えられる最大の地震を考慮しなければならない、と主張した（被告中部電力は、これを争った）。

震源断層面の深さをより浅く（浅ければ地震動がより強くなる）、アスペリティ（固着域）も浜岡原発の真下に存在することを想定すべき（アスペリティ直上では地震動がより強くなる）である。

中央防災会議のモデルにおいても、たとえば図5‐6に示す興津川上流のアスペリティ直上地域の東西方向の加速度応答スペクトルは、周期0・2秒～0・4秒のほぼ全域に渡ってS_2の加速度を超えており、0・2秒付近では最大3500ガルの揺れに襲われる。

図5‐7に示す藤枝・島田のアスペリティ直上地域は、さらに浜岡原発に近いが、東西方向の加速度応答スペクトルでは、周期0・2秒で、やはり最大3500ガルの揺れに襲われる。

これらの結果からすれば、浜岡原発の敷地の直下にアスペリティがあるという最悪の場合を想定

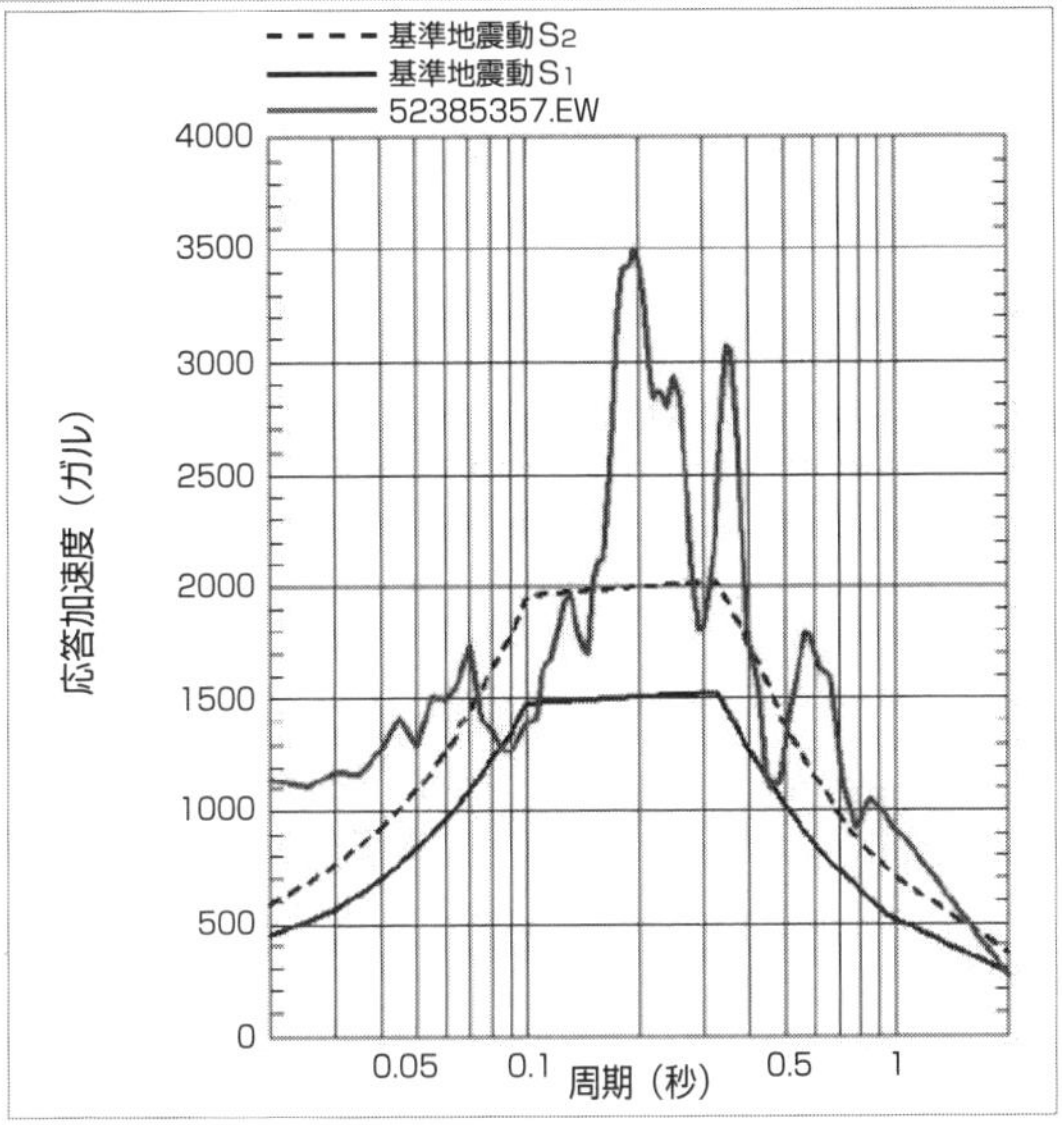

図5-6 興津川上流アスペリティ直上地域
52385357メッシュ（D1モデル）EW加速度応答スペクトル

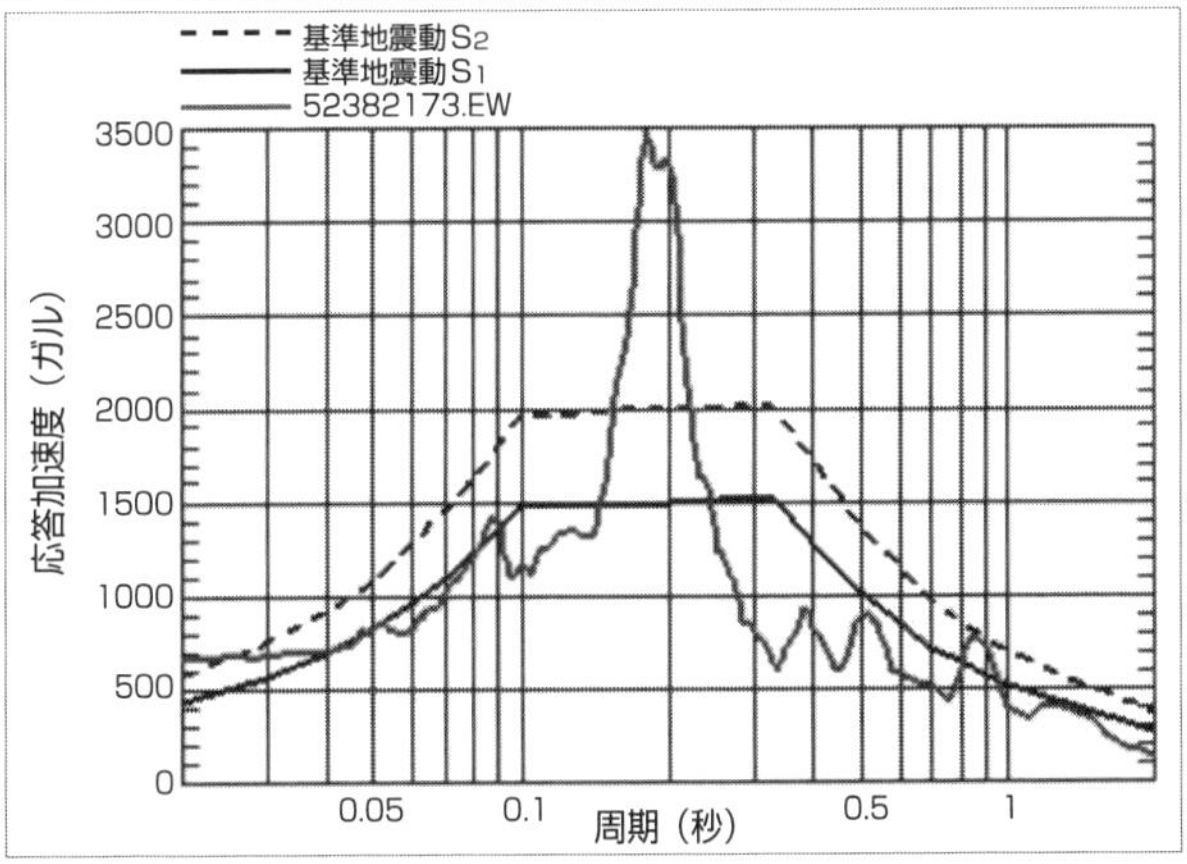

図5-7 藤枝・島田のアスペリティ直上の工学的基盤応答スペクトル

したとき、S_2の加速度（0・02秒では600ガル、主要な機器・配管が集中する0・1〜0・3秒付近では2100ガル）をはるかに超える揺れが、浜岡原発を襲う可能性があるのである。

被告中電が想定している地震は、全く不十分である。

6 では、原発のどこが危ないのか？

これまで述べてきたとおり、地震学の飛躍的な進歩により、浜岡原発にS_2を超える地震動が発生する可能性が否定できないことが分かった。

では、その時、原発のどこがどれほど危ないのだろう？　この課題は、訴訟の当初からの、そして、最大の課題の一つであった。

原子力発電所の仕組みを、簡単におさらいしてみよう。

図5‐8は、原子力発電所の最も中核的な設備である、原子炉圧力容器と再循環系の概念図である。再循環系は、再循環ポンプと再循環系配管からなるきわめて重要な設備であり、ここが破断するようなことになれば、直ちに大量の冷却水が失われるため、炉心溶融に至る可能性がある。にもかかわらず、この再循環ポンプは、実は、床面に設置されていない。配管自身で原子炉圧力容器につながっており、さらに、コンスタントハンガーと呼ばれる支持装置で、格納容器内の梁に吊り下げられている。床に頑丈に設置してしまうと、原子炉運転時の配管の熱的変化に追随することがで

きなくなってしまうため、やむを得ず、このような吊り下げ式の構造になっているのだ。

そこで、もう一度、図5-8を見よう。再循環ポンプが、床面に設置されていないと考えると、最も弱そうな部分は、原子炉圧力容器と配管の接合部か、再循環ポンプから上に伸びて十文字に枝分かれする配管の分かれ目の部分だと一目で分かるだろう。

沸騰水型原子力発電所（BWR）の最大の弱点の一つは、この再循環系にあると言っても過言ではない（その後、改良型とされているABWRでは、この再循環ポンプは、圧力容器内部に設置される構造となり、このような配管はなくなっている）。

弱そうな場所は概念図から直感で分かった。では、それをどのようにして立証するか。

原告の文書提出命令申立に対して、被告中部電力が任意提出した1万1000ページに及ぶ文書の中に、この最大の課題を突破する鍵が隠されていた。図5-9は3号機の再循環系配管の各評価点を記載した概念図であり、表5-1は評価点66番の応力計算書である。

「運転状態」とか「一次応力（P_l+P_b）」とか、聞き慣れない用語が出てきた。ここでは「運転状態Ⅲ」が基準地震動S_1の場合、「運転状態Ⅳ」が基準地震動S_2の場合と考えていただければ当面の目的は達しよう。また「一次応力」とは、外から加えられる力（地震等）によって生じる応力のことで、これが大きいと、構造物はゆがんだり破壊したりする。その意味で「一次応力」は設計上非常に重要（危険）な応力のことと考えてもらえばよい。

原子力発電所の機器・配管は、基準地震動S_1及びS_2の地震動の強さに応じて一定の機能を維持し、原子力発電所の安全性を確保しなければならないとされている。その安全確保の目的のために設定された設計上の値が「許容応力」（許容値）であり、S_1及びS_2による地震動と、その他の荷重を組み合わせた発生応力値（一次応力などのこと）が、その許容値内に収まることが設計において確認されなければならない。

したがって、発生応力値が許容値内に収まっていることが確認できなければ、当該原子力発電所を建設してはならないし、運転することは許されない。この点は、被告中部電力も、「許容値とは、外力に対する安全性の確保を目的として、応力値やゆがみなどについて定めた上限の値をいう。原子炉施設の各部の構造設計においては、各部の応力値が許容値を超えないように設計を行っている」とし、原子炉施設の耐震設計において「特に、重要度分類のAクラス及びA_sクラスの施設については、基準地震動S_1、S_2を用いて地震応答解析を実施し、各施設の応力値を算出する。そして他の荷重による発生応力値を組み合わせて全体の応力値を算出し、これが許容値を上回っていないことを確認」して耐震安全性確保を図ると説明し、許容値の意味について、原告らと一致した見解を示している。

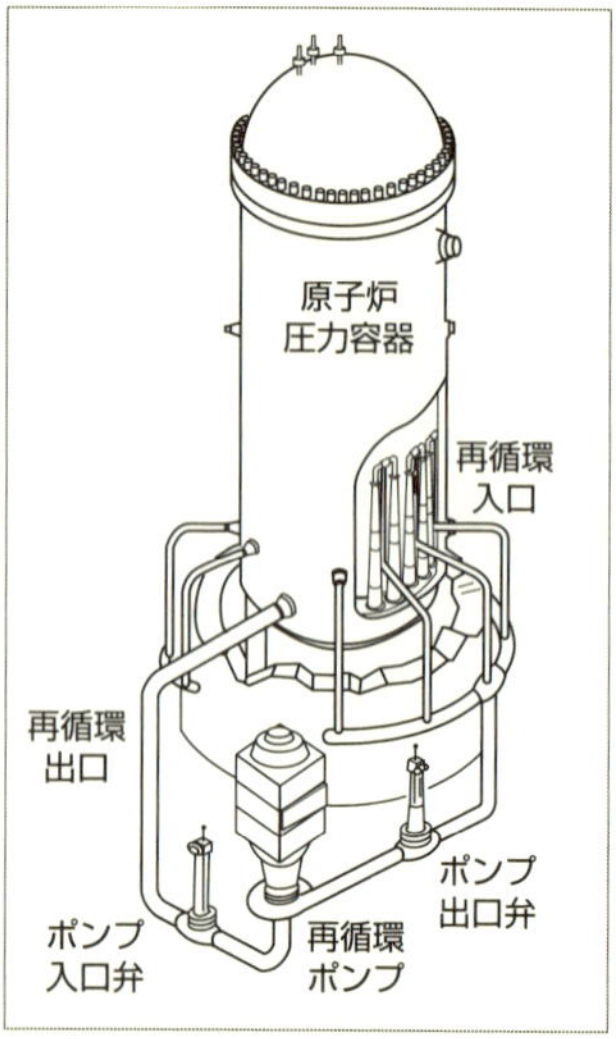

図５-８　沸騰水型原発（BWR）の模式図（2007.7.1『原子力資料情報室通信』No.397）

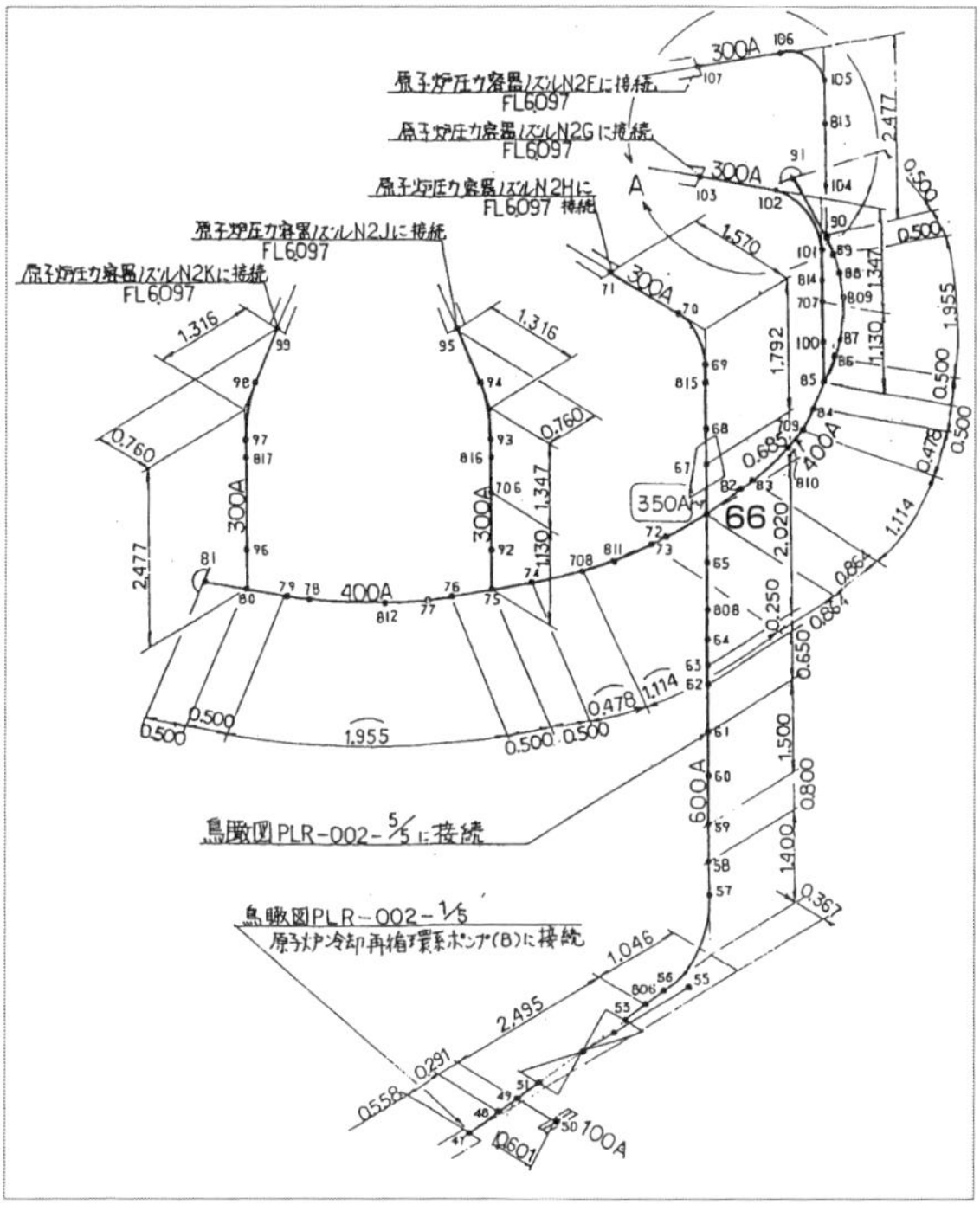

図5-9 浜岡３号機の再循環系配管の各評価点概念図
（中部電力資料より）

運転状態	一次応力（Ｐℓ＋Ｐｂ）	許容応力
Ⅰ、Ⅱ	6.2	18.0
Ⅲ（S_1）	19.7	27.0
Ⅳ（S_2）	30.4	36.0

表5-10 ３号機PLR-002の評価点66番の応力計算書
（中部電力資料より）
（単位：kgf/mm^2）
Pℓ：一次局部膜応力、Pb：一次曲げ応力

そして、問題の66番である。図5－9を比較してほしい。先に図5－8で見た最も弱そうに思える部分と、図5－9の66番が一致することが確認してもらえるだろう。そして、その66番の応力計算書が図5－10である。

表5－1によれば、許容応力に対する一次応力の比はS_1で約72パーセント（＝19・7／27・0）、S_2で約84パーセント（＝30・4／36・0）に上っている。許容応力に対して、発生応力がこれほど接近している場所は、ほかにはない。直感が、数字で裏付けられたのである。

そして、再循環系配管の固有周期は0・1～0・3秒であり、その周期におけるS_1時の最大加速度は1500ガルとなり、その時に発生する一次応力が19・7kgf／mm²と考えられる。これに対して、許容応力は27・0kgf／mm²であるから、単純な比例計算で、1500×27・0÷19・7＝2055ガル程度で許容応力に至る。S_1の許容応力を超える応力が発生した場合、その部位は塑性変形を引き起こす可能性が否定できない。

また、S_2の最大加速度は2100ガルとなり、その時に発生する一次応力が30・4kgf／mm²と考えられる。これに対して、許容応力は36・0kgf／mm²であるから、これも単純な比例計算で、2100×36・0÷30・4＝2486ガル程度で許容応力に至る。もともとS_2に対する許容応力は「ゆがんでも完全に壊れなければいい」という値に設定されているから、S_2の許容応力を超える応力が発生した場合、その部位は破断し機能に影響を及ぼす可能性が否定できないのである。

以上のとおり、たとえば3号機では、周期0・1〜0・3秒において、最大加速度が2055ガルを超える地震動が襲った場合、再循環系配管の66番（配管の十文字の部分）が塑性変形（元に戻らない）領域に入り、さらに最大加速度振幅が2486ガルを超えた場合、66番の部位が破断し機能に影響を及ぼす可能性があることが、ほかならぬ中部電力が開示した資料から、裏付けられたのである。

そして、先に述べたとおり、現に、中央防災会議のモデルにおいても、興津川上流では周期0・2秒付近で最大3500ガルの揺れに襲われており（図5‐6）、さらに浜岡原発に近い藤枝・島田では周期0・2秒で、やはり最大3500ガルの揺れに襲われている（図5‐7）。

アスペリティの配置や震源の深さを浜岡原発に最も厳しくなるように想定した場合は、これらと同等の揺れが、浜岡原発を襲う可能性があり、その時には、上記の再循環系の66番において、S_2の許容応力を超える応力が発生し、その部位は破断する可能性が否定できないのである。

7 中部電力の「余裕論」と田中三彦氏の証言

以上に対して、被告中部電力は、安全余裕として、①発生応力の算定における余裕、②発生応力が許容応力に対して有する余裕、③許容応力の設定における余裕、の三つの余裕がある旨主張し、被告中部電力側の各証人もこれに沿う証言をした。

しかしながら、原発の詳細設計における安全審査は、各機器・配管に対する発生応力値を算定し、それが許容値の範囲内に収まっているか否かによりなされる。算定された発生応力値が許容値を超えていれば、その原発は運転することは許されない。したがって、このことからすれば、余裕と呼べるものは、「②発生応力が許容応力に対して有する余裕」だけであり、①と③の「余裕」は本来考えてはならないものである（このような「余裕」があるということを持ち出さざるを得ないところまで、被告中部電力を追い詰めたとも言える）。

この詳細については、第一章（田中三彦氏）に譲り、ここでは、この程度にとどめる。

8 請求棄却判決の非科学性

原告が展開した地震想定が過小であること、及び耐震設計の主張・立証について、判決は、全く正面から向き合わなかった。

原判決は、地震想定について、「確かに、我々が知り得る歴史上の事象は限られており、安政東海地震又は宝永東海地震が歴史上の南海トラフ沿いのプレート境界型地震の中で最大の地震でない可能性を全く否定することまではできない」と認めながら、「しかし、このような抽象的な可能性の域を出ない巨大地震を国の施策上むやみに考慮することは避けなければならない」という（判決114ページ）。

原判決は、上記に続いて、安政東海地震が東海地方に最も大きな被害を与えたとして、「防災上の見地から地震モデルを策定するにあたって安政東海地震の地震動を再現することは科学的・合理的な態度というべきである」という（判決115ページ）。

全くの暴論ではないだろうか。

判決は、単に防災上の見地と言うだけで、原発の耐震安全性を検討する地震とは言っていない。一般防災と原子力安全については、全く異なる態度で臨む必要があるという考え方が原告の基本的立場であった。確かに、防災の程度によっては安政東海地震の地震動を検討することが合理的と判断される場合もあろう。

しかし、どのような防災のための地震モデルかを明らかにしないで、「防災上の見地」から「科学的・合理的」とする判決の態度は、きわめて不誠実であると言われても仕方がない。本件では原発の防災が争点なのであり、原発以外の一般の防災の場合を検討しているわけではない。

判決に対する批判は、多々あるが、ここでは、アスペリティの位置についての判決の誤りを指摘しておこう。

判決は、中央防災会議の想定東海地震のモデルについて、松村正三の固着域を考慮することが適切であるとし、安政東海地震の震度分布と整合するから、そのアスペリティ配置は妥当であり、浜岡原発の耐震安全性を確認するためには浜岡原発の直下にアスペリティを置いたモデルで検証しなければならないという原告の主張は採用できないとした。

しかし、原告も中央防災会議のモデルについて全く根拠がなく想定東海地震のアスペリティ配置では地震は起こらない、などと主張しているわけではない。実際の地震のアスペリティ配置は発生するまでは厳密には分からないというのが今の地震学のレベルであり、中央防災会議のアスペリティ配置もワン・オブ・ゼムに過ぎず、浜岡原発直下にアスペリティがあるモデルも可能性があるため、それを考慮しなければならないと主張しているのである。原告の主張は、中央防災会議のモデルを否定するものでもなければ、それと対立するものでもない。考え方としては、中央防災会議のモデルと両立するものである。すなわち、中央防災会議のモデルの可能性もあるが、浜岡直下にアスペリティがある可能性もある。二者択一ではない。

判決は、この重要な前提を無視し、原告の主張と中央防災会議のモデルをあたかも相対立するものとして、「国が中央防災会議のモデルを根拠のあるものとして策定したのであるから、それ以外のモデルは根拠のないものとして考慮する必要はない」とまで断言する。びっくりするような暴論である。

しかし、原発の耐震安全性を確認する上で浜岡原発の直下にアスペリティを想定すべきことは石橋証人だけでなく、原告・被告双方が申請した入倉証人ですら中央防災会議のアスペリティの配置について「一定の合理的設定をしておりますけれども、唯一のものではないと考えます」「特に強い揺れを出す部分（アスペリティ）が浜岡原発の直下にある最悪のケースを仮定すると、千ガルを少し下回る程度の揺れになるのではないか」と述べており、「新指針の基準地震動S_sを策定するに当たっては、中央防災会議のモデルでは不十分で、当然、アスペリティは浜岡原発の直下におけるモデルも考えるべきだということですね」という質問に対し「ええ、そのとおりです」と答えているのである。

更に、入倉証人は、「アスペリティであるところは、ある地震では動いたり、ある地震では動かなかったり、そういうことはございます」と証言しているが、これはきわめて重要である。アスペリティが繰り返すということも実証されたことではないが、更にアスペリティが地震によって動いたり動かなかったりするというのであれば、もし仮に歴史地震の震度分布からアスペリティ配置が大まかにでも推定できたとしても、それだけで将来起こる地震のアスペリティは全て分かったということはできないのである。すなわち、想定東海地震のモデルが安政東海地震をある程度説明できているとしても、次に起こる地震も同じアスペリティだけが同じように動いて同じ地震動になるという保証は全くないということである。

更に入倉証人は、「仮想的東海地震として、海側のアスペリティを浜岡直下にもっていってみますけれども、必ずしもその置き方だけではなしに、別なアスペリティの置き方というものも検討の余地はありますね」という質問に対し「ええ、それは、どれが一番影響が大きいかということは、検討する必要があると思います」と答えており、もっと大きな影響のある配置の可能性も否定されていないのである。

次に、中央防災会議のモデルは、学術的な見解ではなく、あくまでも防災上の観点から作られたモデルでしかないということを忘れてはならない。特に、過去の歴史地震の記録からアスペリティの位置を確定したとする学術的な研究はなされたことはなく、そのことは過去の歴史地震の記録からはアスペリティの位置を特定することなど不可能なことを示している。

判決では、溝上恵《みぞうえ》証人の証言を引用し「パラメータスタディの考え方に則って、数十回にわたって様々な配置パターンによる地震動予測の検証が行われ、過去に東海地方に最大の被害をもたらした安政東海地震の地震動を概ね再現するものとして、『中央防災会議によって見直された想定東海地震のモデル』のとおりにアスペリティが定められた」とされているが、このようにしてアスペリティの位置が定められるなら、画期的な科学的業績である。しかし、現実には、この「見直されたモデル」は学術論文に発表されるようなものではなく、あくまでも防災のためのモデルとして策定されたに過ぎないものである。すなわち、アスペリティの位置を、こうした作業によって特定することは、そもそも科学的に困難なのである。

実際、中央防災会議で作られたモデルは、アスペリティが矩形であり、かつ六つのアスペリティが実にバランス良く配置されている。しかし、実際に発生した地震動の測定結果から得られた現実のアスペリティは、どの地震においても、こうした形にはなっていないし、配置にもなっていない。中央防災会議の見直されたモデルは、あくまでも一般的な防災という目的のためだけに作られたモデルでしかないのである。これを学術的な研究の成果として推定された成果と見ることはできないのであり、その点を判決は見誤っている。

さらに、中央防災会議の断層モデルによる想定東海地震の震度分布は、安政東海地震の震度分布と整合しないと原告が主張した点について、判決は、想定東海地震の震度分布では震度6弱、6強となっているにもかかわらず、安政東海地震の震度が7となっている地点も散見されるが、そのような場所は川沿いの地点や軟弱地盤の場所など地盤の特徴が際立っている地点と考えられるとして溝上証言を引用している。

しかし、そもそも想定東海地震の地表の震度分布は、地盤の特性を踏まえて算出されたものであり、地盤が弱いために大きな震度となるところは、そのように算出されているはずである。地盤が強いか弱いかによって、それぞれ安政東海地震の震度分布と整合しない地点が生じてもかまわないなら、そもそもこうした比較をすることが無意味となってしまう。また、逆に想定東海地震の震度のほうが、安政東海地震の震度より低くなってしまう地点の存在も、アスペリティの配置の妥当性を考えるには同等に重要のはずで、この地点の地盤の特性ということでは溝上証人も説明しきれないはずである。いずれにしても、実際に両者を比較してみれば、溝上証人の言うように、「パラメータスタディの考え方に則って、数十回にわたって様々な配置パターンによる地震動予測の検証が行われ、過去に東海地方に最大の被害をもたらした安政東海地震の地震動を概ね再現」できたなどというしろものではないことは明らかである。

9 アスペリティの位置はどのように定められたかについての溝上証言の信用性

溝上証人は、「東海地域の震度予測が、安政東海地震の揺れを包絡するように、それと全体的によく一致して包絡するという形で、震度の予測の作業が行われた」とし、アスペリティの位置についても、何度かの試行錯誤をやって、動かして、安政東海地震の震度分布と合致するものに到達したという。しかし、そもそも二〇〇一年の中央防災会議によって行われた強震動予測による震度分布は、安政東海地震の震度分布を包絡してはいない。この点を指摘されると溝上証人は、御前崎周辺で安政東海地震での震度が7とされる四つの点は特異点だと説明しようとし、一九八六年の宇佐美による震度分布は、一九九六年に大きく改定されたのであり、中央防災会議は、その改定されたものを用いたと証言した。

しかし、まず宇佐美による安政東海地震の震度分布が大きく改定されたという事実はなく、改定はされたもののほとんど変わっていない。この点は、溝上証人の証言が信用できないものであることを如実に示している。

しかも、一致していないのは、御前崎地域での安政東海地震の震度7の点だけではなく、掛川付近でも、中央防災会議の震度予測ではアスペリティ直上であるため、とりわけアスペリティの北側部分からアスペリティをはみ出すように震度7の地域が分布しているのに、安政東海地震の震度分布では、その付近では震度5しか存在しない。同じようなことは三島付近でも言うことができる。この掛川や三島付近は、確かに安政東海地震の震度分布を中央防災会議の震度予測が包絡しているということはできるが、少なくとも、アスペリティのパターンが誤っている可能性を強く示唆するものであって、安政東海地震の震度分布との比較で、何度も試行錯誤した最良の結果のものだというのは、いかにも無理があるものである。

溝上証人は、アスペリティをどのように動かしたのかと幾度も聞かれたが、結局、具体的には証言することができず、古い地震の記録があれば、だいたい、アスペリティの位置は、このような作業をすれば分かるのかと聞かれて、肯定することができず、「実際に地震が起きて、精度の高い観測をやって初めて、アスペリティの実態は把握できると、そういうふうに考えております」と証言した。

結論として、溝上証言は、具体性に乏しいばかりか、宇佐美の震度分布が（一九八六年）大きく改定されているなどと、事実に反する言い逃れをするなど、おおよそ信用することのできない証言であった。

しかしながら、判決は、溝上証人の証言を採用して、原告の主張を退けた。

判決は、結局、原告が主張するような、想定を超える地震は考える必要がないと言い切っている。そして、中部電力でさえ運転再開をあきらめたと思われる古い1号機（二〇〇二年から運転停止中）及び2号機（二〇〇四年から運転停止中）についてさえ、何らの補強も要せず、運転してよいとのお墨付きを与えてしまった。

このような判決の論理は、第四章で武本和幸氏が報告している中越沖地震の事実の前に完全に破綻している。

10 最後に

必ずや東京高裁において、このでたらめな判決を覆すことを誓って、本章の結びとしよう。

第六章　原発は正しい選択だったか

山口　幸夫

1　原子力とは

仮想された原子から中性子の発見へ

紀元前4～5世紀の古代ギリシャに、モノを二つに割り、また二つに割り、どこまでもそれを繰り返していったら最後はどうなるか、と考えた自然哲学者がいた。なにもなくなってしまうことはないだろう。多分、これ以上は分割できないという状態になるのではないか。それは、とうてい目には見えない微粒子に違いない。こう考えて、その最後のモノを「アトモン」と名づけた。物質は原子からできているという古代ギリシャで生まれたこの仮説を、提唱者にちなんで、今日、「デモクリトスの原子論」と呼ぶ。

「アトモン」は英語の「アトム＝atom」の語源になった。純粋に思弁的に生まれたこの仮説は、2000年にわたってヨーロッパ社会で生き続けた。そして、イギリスの化学者ドルトン（一七六六～一八四四）が長年の気象観測に基づいて気体の性質を研究し、近代的な原子論を発表したのは、19世紀初めのことだった。

19世紀の末に、X線、放射能、電子が次々に発見された。電子は原子よりはるかに小さい粒子だったので、物質の最小単位としての原子という考え方は変更をせまられた。20世紀に入ると、原子は何で構成されているのか、つまり、原子構造を明らかにすることが科学者たちの主要な研究テーマになった。原子には原子核という中心があり、電子はその周りを回っているというイメージができ、その原子核は陽子と中性子とからできていると判明したのは一九三二年である。

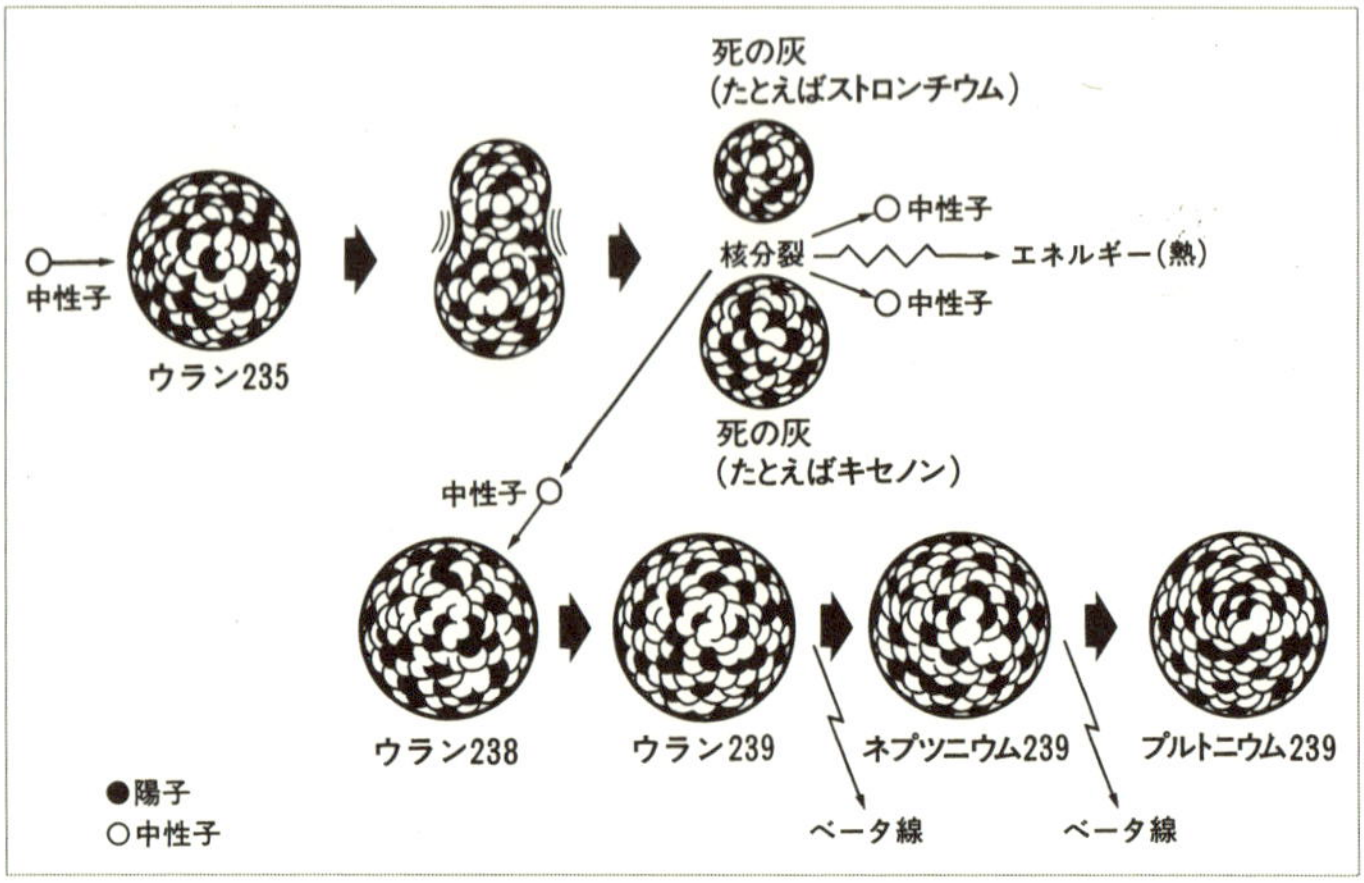

図6-1 ウランの核分裂とプルトニウムの創生

この年は〝奇跡の年〟と呼ばれるくらいに科学上の大発見があい次いだ。中性子、重水素、陽電子が発見され、陽子を高電圧で加速させる装置で水素とリチウムからヘリウムが合成された。日本人で一九四九年に初めてノーベル賞を贈られた湯川秀樹（一九〇七～一九八一）は、自伝『旅人』の中に、次のように書いている。

「どれもこれも大きな事件である。が、理論物理学にとって特に重要な意味を持っていたのは、中性子の発見である。それまで、陽子と電子という二種類の素粒子だけで、何とか原子の模型をつくろうとして失敗し、大方あきらめていた理論物理学者たちは、急に生気をとり戻した。中性子という第三番目の粒子――いや、間にもう一つ光子をはさむなら、第四番目の粒子――こそは、原子核のなぞを解く最初のカギであったのである」

中性子で原子核を壊す

イタリアの物理学者フェルミ（一九〇一～一九五四）は、中性子が電気を帯びていないことに着目した。正の電気を持つ陽子と中性子とからできている原子核に、加速器で加速させたアルファ粒子や陽子をぶつけても電気的な反発力を受けて、曲げられてしまい、うまくいかないだろう。中性子ならそれを避けられるにちがいないとフェルミは考えた。こうして、手に入る元素にかたはしから、原子番号の順に中性子を照射する実験を始めた。一九三四年春、当時知られていた一番重い元素である原子番号92番のウランに中性子を照射したとき、いくつもの放射性物質が見つかった。この中に新元素ができているのではないかとも思われた。一九三八年にフェルミにノーベル賞が贈られたのはこの一連の研究が評価されたからである。

しかし、新元素発見は誤りだったと、のちに判明するのだが、この一九三四年秋、パラフィンをくぐり抜け、減速した中性子のほうが原子核と反応しやすいという重大な事実をフェルミは発見していた。

一九三八年十二月、ヒットラーが政治権力を拡大しつつあったドイツで、化学者ハーン（一八七九〜一九六八）とシュトラースマン（一九〇二〜一九八〇）はフェルミの実験を追試していた。そして、生成されたのは新元素ではなくウランより軽い元素のバリウムやキセノンなどであり、ウラン原子核の分裂が起こったにちがいないと考えた。その際に、照射した中性子の数は2〜3倍に殖え、同時に、原子核の中のエネルギーが放出される。一九三九年一月末には、ヒットラーと対立する自由主義諸国の科学者たちの間で、ウランの核分裂とそれに伴う中性子の増殖と核エネルギーの解放とは、もはや疑いえない事実となった。こうして、核エネルギーを利用した原子爆弾と原子力の世界が始まったのである。

しだいに分かってきた核分裂の科学の主なことは次のようなことであった。

①ウランには質量数235のものと238のものの二種類がある。ここで質量数とは原子核を構成する陽子と中性子の数を足しあわせたものをいう。減速した中性子を照射して核分裂するのはウラン235のほうだ。しかし、ウラン鉱石から純粋の天然ウランを精製しても、ウラン235はわ

ずか0・7パーセントしか存在しない。99・3パーセントは核分裂しないウラン238である。したがって、ウランの核分裂の際に出てくるエネルギーを爆弾に仕立て上げようとすれば、ウラン235の割合が大部分になるように濃縮しなければならない。

②ウラン235原子の1個が核分裂するとき放出されるエネルギーは約200MeV＝3.2×10^{-13}J＝0.8×10^{-11}calである。この値がどんなに巨大かをTNT火薬、石炭、石油を燃焼させたときの値と比較してみる。どれも同じ質量として

TNT火薬	1
石炭	3～8倍
石油	11倍
ウラン235	200万倍

である。

③ウラン235が核分裂すると、さまざま分裂破片が生ずる。放射能(注)を持っている元素もたくさんある。それらは放射線を出して固有の半減期で減衰していくが、ヒトの健康に深刻な影響を与えるので死の灰と呼ばれることがある。また、半減期が半永久的に長いものがあり、その始末の方法が核分裂発見から70年を経た現在でも、まだ分からないという厄介な問題がつきまとっている。

④ウラン238は核分裂しないが、速い中性子によってプルトニウム239に変わることが分かった。プルトニウムは自然界には存在せず、原子炉の中で創られる。核分裂性のプルトニウム

(注) 物質から自発的に放射線が放出される現象や性質のこと。また、放射性物質を放射能と言うこともある。

239はナガサキに落とされた原子爆弾に使われた。ヒロシマは濃縮したウラン235による原子爆弾だった。今日の核兵器の主流はプルトニウム239を材料としている。

原子力発電の仕組み

ヒロシマ・ナガサキの惨劇をへて、国連総会の場で「原子力の平和利用」をアイゼンハワー米大統領が提案したのは一九五三年十二月のことである。アメリカが核分裂物質を提供し、国際管理機関がこれをプールするというものであった。一九五七年に国際原子力機関（IAEA）がこうして発足したのである。

原子爆弾のように瞬時に核分裂させるのではなく、ゆっくりとコントロールして核分裂させ、出てくる熱エネルギーで蒸気をつくり、タービンを回して電気を起こすのが原子力発電の原理である。先の②で見たように、石炭や石油による火力発電よりもはるかに効率がよいと考えられたわけである。

核分裂を発電に使うための原子炉を動力用原子炉というが、アメリカは動力用原子炉の第1号を海軍の潜水艦「ノーチラス号」に設置した（一九五四年一月に進水）。これは明らかに平和目的の利用ではなかった。

この原子炉は「加圧水型」と呼ばれるもので、現在では世界的に広く使われている。日本では、もう一つの「沸騰水型」原子炉のほうがやや多い。前者が23基、後者が32基の計55基の原子炉があ

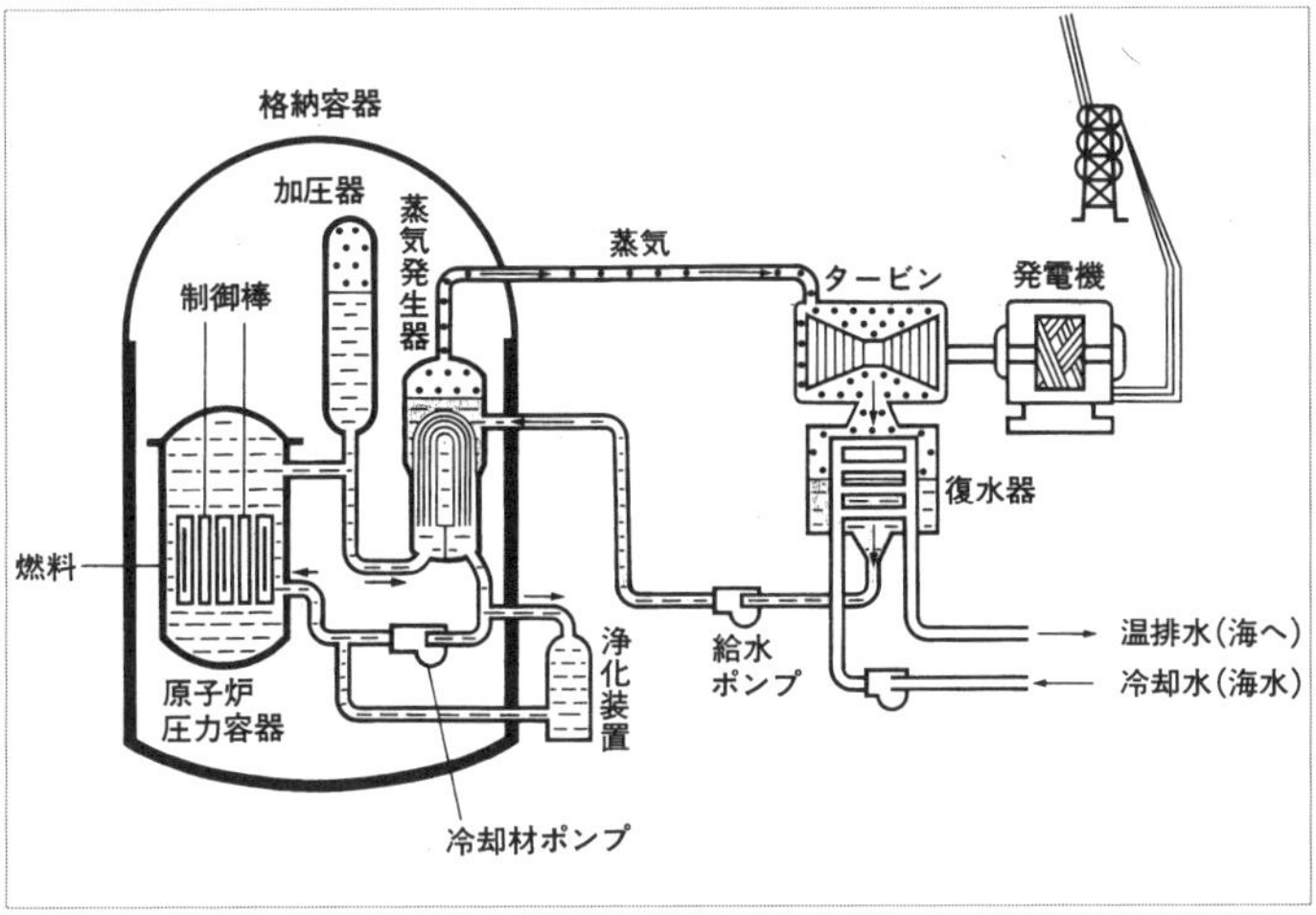

図6-2(a)　加圧水型原子炉

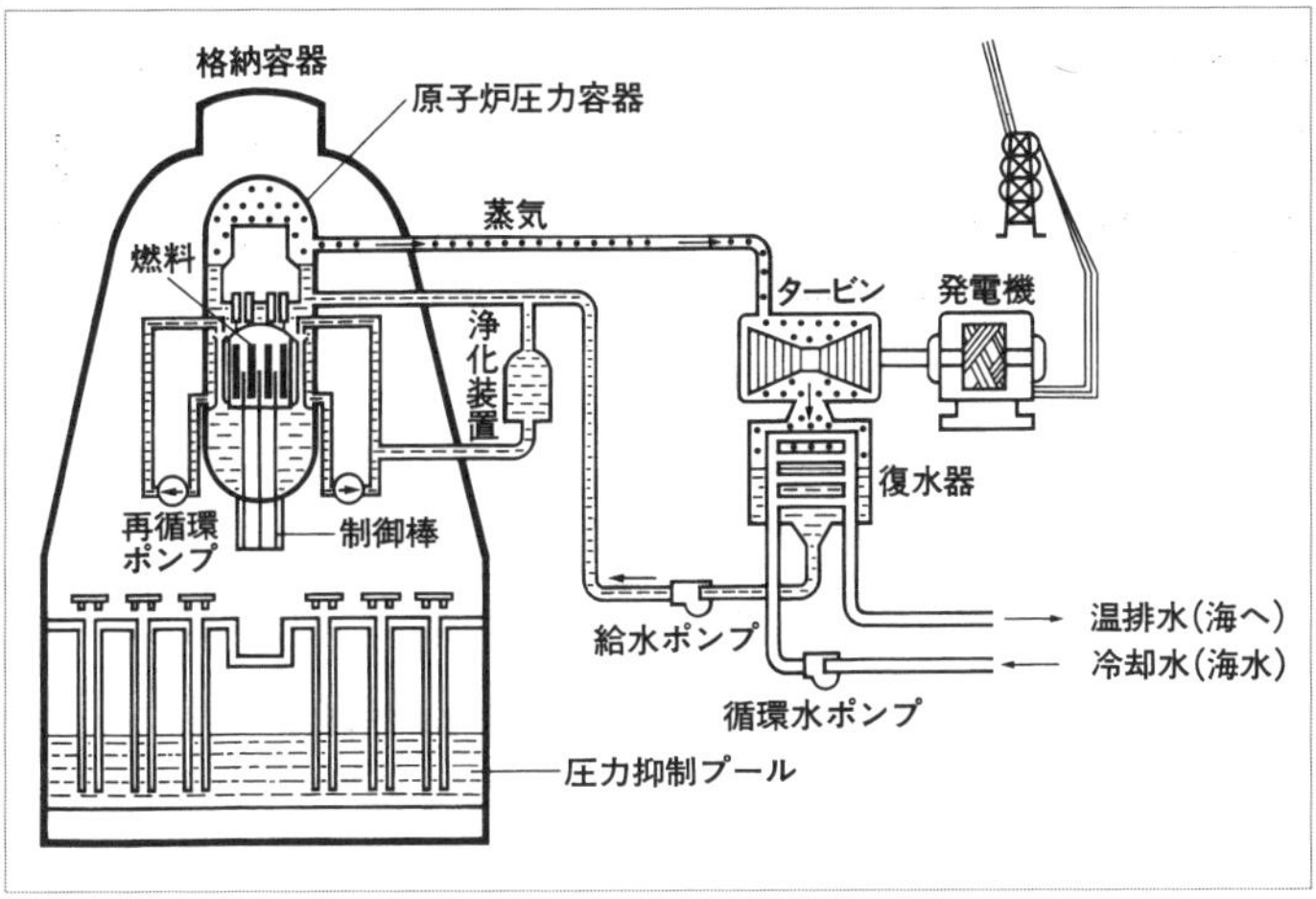

図6-2(b)　沸騰水型原子炉

る（二〇〇八年七月現在）。図６‐２に二つの型の原子炉を示す。

水は1気圧のもとでは摂氏１００度で沸騰するが、圧力を加えると沸点が上昇する。家庭で使われている圧力釜は調理を容易にするためにこの原理を利用したものだ。蒸気流でタービンを回し発電するとき、蒸気の温度が高いほうが発電効率がよいので、加圧水型原子炉では加圧器で圧力を１５０気圧ほどにまで上げ、およそ３２０度にする。その高温の水に蒸気発生器の中の細管をくぐらせて、別系統の水から蒸気をつくるので、発生する蒸気には放射能は含まれない。しかし、この細管に穴があくと、放射能は漏れるし、炉心の水が減って空焚きから炉心溶融という大事故につながりかねない。

沸騰水型原子炉の構造は単純である。それでも原子炉内の圧力は70気圧くらい、高温水の温度は摂氏３００度前後である。原子炉の中を流れる水が蒸気になるので、どうしても蒸気の中に放射能が含まれてしまう。原子炉建屋も発電機の建屋も放射能汚染をまぬがれない。この型の原子炉は再循環ポンプが泣きどころだ。原子炉を冷やしている水量を調整しているので、核反応を左右する大切なポンプである。もしポンプと原子炉をつなぐ配管が破断すると冷却水が失われて、原子炉が空焚きになる大事故が起こり得る。

高レベル放射性廃棄物

原子炉の中でウランに核分裂を起こさせることを、〝ウランを燃やす〟ということがある。もちろん、炎を出して燃えるのではない。そのとき、〝燃えかす〟はどうなっているだろうか。薪を燃やすとわずかな灰が残るが、それとはちがう。

原発で使われるウラン燃料の成分は、核分裂性のウラン235が3〜5パーセント、残りは非核分裂性のウラン238だ。それをどの程度燃やすかにもよるが、燃やしたあとの〝燃えかす〟(使用済み燃料)にはおよそ、燃え残ったウラン235が1パーセント、おのずと生成されたプルトニウムが1パーセント、死の灰と呼ばれる核分裂生成物が5パーセン

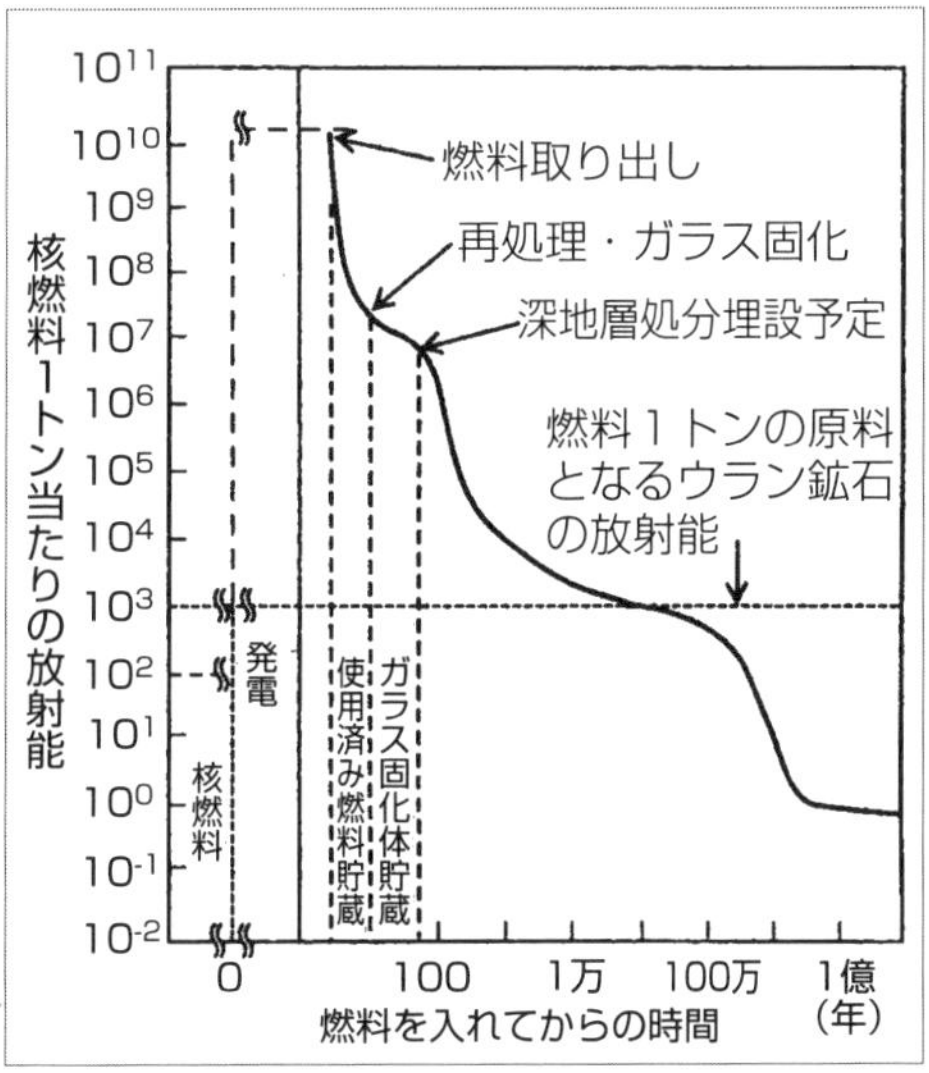

図6-3　核燃料1トンの放射能量の時間変化

(藤村ほか「『科学』2000年12月号による)

トほど含まれている。

ここで二つの考え方がある。一つは、使用済み燃料の中に含まれているウラン235とプルトニウムとは資源であるとみなし、取り出して再利用しようとするもの。もう一つはそのまま使い捨てようというものである。資源の有効利用がなによりも大事だと考えるなら、前者ということになる。〝再処理〟と呼ばれる化学処理を行い、燃えるウランとプルトニウムとを取り出す。後者は〝ワンススルー〟という。安全性と経済性とから再処理は技術的に無理だと判断して、ほとんどの国があきらめた。しかし、日本は青森県の六ヶ所村に大々的な再処理工場を建設した。二〇〇八年七月現在、5段階に分けて進めている試験の4段階目にある。この段階は3カ月で済むという予定で始まったのだが、1年過ぎてまだ終わっていない。次々に技術的な困難にぶつかっているからである。

再処理して取り出したプルトニウムは高速増殖炉で使う方針だが、日本でただ一つの〝もんじゅ〟という名の高速増殖炉（原型炉）は、一九九五年十二月にナトリウム漏れから火災事故を起こし、止まったまま12年と7カ月が過ぎた。改造工事が行われ、二〇〇八年十月には試運転を開始するとされているが、定かではない。

再処理工場では、きわめて強い放射線を出す廃液が最終的に残る。高レベル放射性廃棄物だ。しかも、半減期がとほうもなく長い放射性物質が含まれている。214万年のネプツニウム237、21万年のテクネチウム99、1600万年のヨウ素129などなどである。この廃液をガラス原料と混ぜ、ステンレス容器につめ、固めたものが〝ガラス固化体〟である。これを30年～50年間、一時貯蔵をしたのちに、深地層処分（その場所はいまだ決まっていない）するとされている。ガラス固化体一本に詰められる放射能の強さは広島原爆約30発分もあり、強烈な放射線のため、作業は遠隔操作のロボットで行う必要がある。

六ヶ所では二〇〇七年十二月に、〝ガラス固化体〟製造試験に失敗し、工程が止まってしまった。半年後の七月二日、満を持して再開したがうまくゆかず、わずか半日で中断した。ガラス溶融炉が機能しなかったのである。再処理工場を運転管理している日本原燃（株）は、半年かけて炉の運転方法の改善を検討した上で、国の許可を得て試験を開始したのだった。事態は非常に深刻だと言わねばならない。10カ月あまり、このガラス固化体製造試験に失敗しているのである。もしも、六ヶ所再処理工場が本格運転に入ると、年間約１０００本のガラス固化体が生ずることになる。

できたてのガラス固化体の表面の放射線の強さは、人が浴びると20秒で死ぬほどだ。したがって、生物界から何万年も完全に隔離して保管せねばならない。そこで、３００メートルより深い地層に埋めて処分する方法が考えられている。しかし、何万年もの間、ガラス固化体が安定して放射能を漏らさず、固化体自体が破損されずに保たれているだろうか。また、そんなに長期間にわたって安定した地層があるのだろうか。あらかじめここなら大丈夫だという場所を見付けることは難しいと、地震学者の石橋克彦氏は言う。米国ではネバダ州のヤッカマウンテンが早くからその候補地になっていた。にもかかわらず、住民の強い反対があって、いまだ処分は行われていない。世界的にみても、ただひとつ、フィンランドが住民との長年にわたる議論のすえに一カ所を決めた。二〇一三年着工、二〇二〇年操業開始の予定である。

科学というものが普遍性をもち、強い説得力をもつのは、科学が実証可能だからである。永い先の環境条件も材料劣化も未来のことなので、はっきりとは分からない。実験室で得られたデータが気の遠くなるような永い未来にわたって有効だ、という保証はない。そう考えると、今予定されている高レベル放射性廃棄物の最終処分方法を科学的だと呼ぶには憚りがある。人類が抱え込んでしまったまことに厄介なゴミを深い地層に埋め捨てにするのは、一種の博打だといってもよい。

永遠の未完成

起こってしまったことの後始末は、厄介だ。以上に見てきたように、放射能の後始末は特別に難しい。できるかどうかも、正直いって、誰にもよく分からない。「時間の矢」というものは、もとには戻らないことを、私たちは昔からよく知っている。諺にもある。「覆水、盆に返らず」と。

〇七年七月の新潟県中越沖地震で、住民は被災し、柏崎刈羽原発の全7機が大きなダメージをうけて止まった。1年たっても、停止したままだ。桑原正史さんは近くに住む人だが、原子力そのものに疑いを抱いている。その桑原さんの詩を紹介したい。

永遠の未完成

100万キロワット級の原発を動かすと

1年でヒロシマ原爆の1000倍もの死の灰がでる
高濃度の放射能にまみれた使用済み核燃料もでる

使用済み核燃料を再処理すると
さらに高濃度の放射能にまみれた核廃棄物がでる
すぐそばに立つと　たった数秒で　人が死ぬ

それらのなかには　ほっておくと
放射能が勝手にあばれだすものがある
だから
何百年　何千年　何万年　なかには何十万年も
厳重に保管しなければならないものがある
そんなものが　今　どんどん　たまっている

いったい　これから
誰が　どこに　どうやって
何百年　何千年　何万年も保管するんだろう？

僕がそう言うと
きっと　原発期待派の科学者は　こう言うだろう
「大丈夫　いろいろ研究や実験をしている」
きっと　原発期待派の政治家は　こう言うだろう
「大丈夫　いろいろ手をうっている」
きっと　楽観的な庶民は　こう言うだろう
「大丈夫　科学の未来を信じよう」

でも
いろいろ研究や実験をしているのなら
いろいろ手をうっているのなら
科学の未来が信じられるのなら
僕らは待とうじゃないか
その成果がきちんと得られる日まで

今は未完成で
ひょっとしたら　永遠に未完成かもしれないのに

「なんとかなるさ」と
豊かで便利な今の暮らしと引き換えに
危険な放射性廃棄物を山ほどかかえて
見切り発車するのは　やっぱり　冒険すぎるだろう

「僕らは楽しかった　あとは頼む」と言って
危険な放射性廃棄物を山ほど残して
さっさと消えてしまうのは　やっぱり　無責任だろう

高濃度の放射性廃棄物は
始末を頼まれた未来の人々にとっても
やっぱり
どうにもできないシロモノかもしれないから

桑原さんの心からの問いかけに、科学者は答えることができない。誠実な科学者ならきっと、同じような思いでいるのではないか。

私たちは、出口の見えない迷路にまよい込んでいるのではないだろうか。

2 原子力ルネッサンスか？

世界の原子力発電

「エネルギーセキュリティ」と「CO_2による地球温暖化を防ぐ」ために原子力発電が見直され、世界各国で復活の兆しがあり、原子力のルネッサンスだと報道される。ここで、「エネルギーセキュリティ」とは石油産出国の政情や国際政治の状況に左右されず、安定的にエネルギーを確保することを意味する。また、「CO_2による地球温暖化を防ぐ」とは、原子力は発電の際には二酸化炭素を出さないので温暖化の元凶にはならないクリーンなエネルギーだ、という主張である。

「ルネッサンス」（Renaissance）は、ギリシャ・ローマ時代の文芸復興を目指した芸術・思想上の革新運動を指す。13～15世紀にイタリアで起こり、ヨーロッパ中にひろまった。それになぞらえて、脱原発の時代は終わった、ふたたび原発を、という動きがフランス、イギリス、アメリカなどから出てきたというのだ。日本でも、二〇〇六年八月に「原子力立国計画」が経済産業省の総合エネルギー調査会から提案された。

しかし、それは非現実的で誇大な掛け声である。

人類は原発の世界で、これまでに二つの大きな事故を経験した。

一つ目は、一九七九年三月二十八日未明、アメリカのペンシルベニア州スリーマイル島原発2号炉の炉心溶融事故である（第一章参照）。はじめのうち、当局は、炉心溶融はなかったとしていた。しかし、調査が進むにしたがって、炉心の半分近くが溶融していたことが分かった。いくつもの幸運と偶然が重なって、被害は最小限におさまったが、あわや、という大事故だった。しかも、問題の圧力逃し弁がなぜ開いたままになってしまったかについては、未だ、専門家のあいだで意見の一致を見ていない。

二つ目はソ連で、その「あわや」が起きた。スリーマイル島事故のとき、我が国の原発は大丈夫だと胸を張ったソ連の、ウクライナ共和国チェルノブイリ原発4号炉で、一九八六年四月二十六日未明に原子炉が暴走・爆発した。大量の放射能が環境にばらまかれた。犠牲者は、消火にあたった消防士31人だけ、というのが当局の発表だったが、そんなことはなかった。子どもたちの甲状腺ガンは激増した。白血病、肺ガン、免疫機能の低下など数百万の人びとが被害を受けていることが判明し、継世代的影響が心配されている。20世紀から21世紀にかけて「人類史的課題」として放射線の影響が問い続けられているのだ。

原発の設備容量が世界一のアメリカでは、スリーマイル島事故以来、新設はない。ドイツ、イギリス、スペイン、旧ソ連などの国々も原発離れが進み、運転中の世界の原発は一九八七年から今日まで４２０〜４３０基とほぼ一定で推移している。一方、建設中の基数はほぼ単調に減り、現在では30〜40基にとどまっている。

「原子力ルネッサンス」の掛け声のもとに進んだのは、日・米・仏の原子力産業界の再編である。これは業界の生き残りを図った動きというべきものである。二〇〇二年の東京電力不正事件と、二〇〇七年三月に明らかにされた電力業界全体の事故隠し・改ざん・捏造が厳しい世論の批判をあびた。日本の原子力業界の信頼は完全に地に落ちた。

二〇〇七年七月、柏崎刈羽原発が中越沖地震に襲われ、深刻な被害を受けた（第四章参照）。この地震そのものはマグニチュード6・8という中規模の地震だったが、揺れの大きさは想定をはるかに超えていた。日本中の原発と核施設の耐震性について根本的な見直しが必要になった。

アジアの原発計画

再編された原子力産業界が狙っているのはアジア

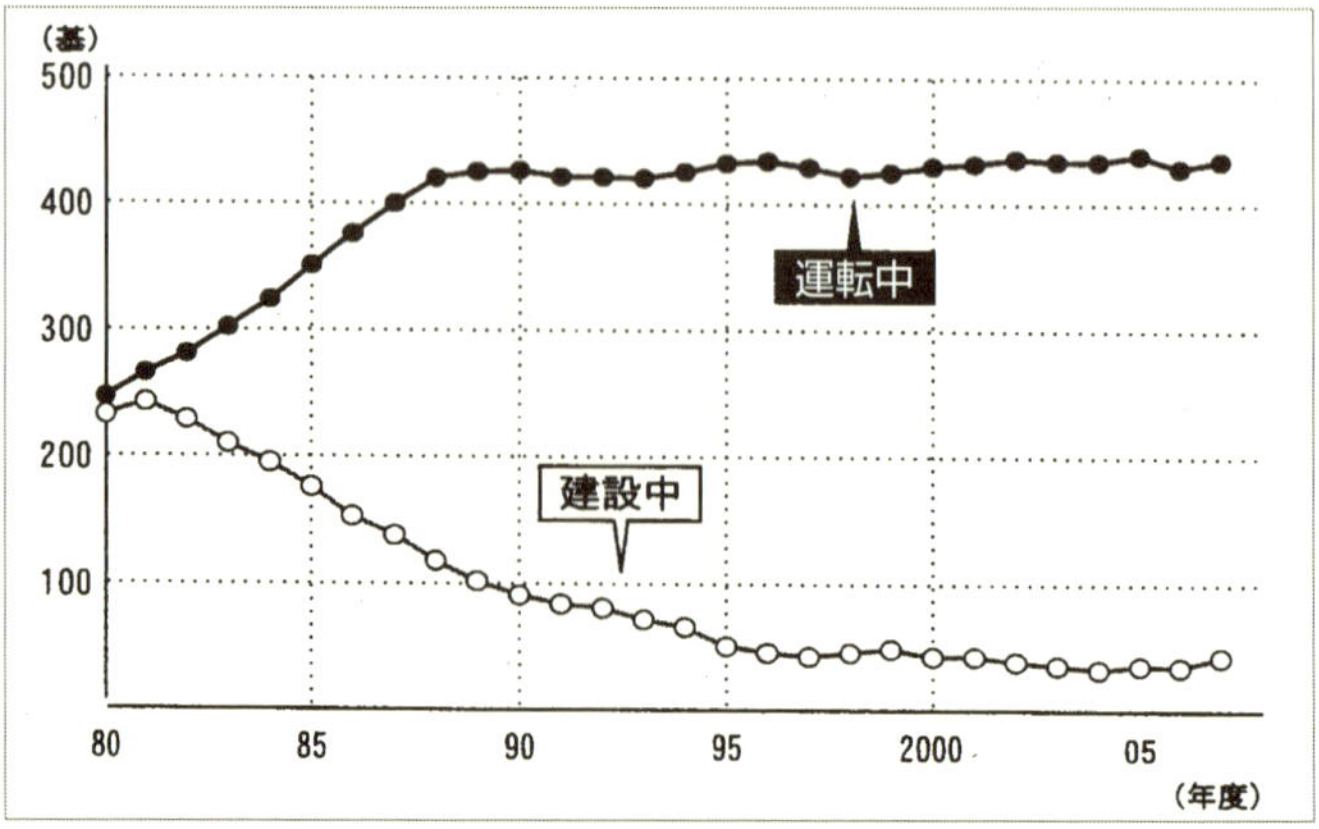

図6-4 世界の原発基数の推移

(『原子力市民年鑑・08』2008)

の諸国である。原発を売り込もうと激しい競争を繰り広げている。日本、中国、韓国、台湾、インド、パキスタンはすでに原発を持っており、台湾以外は新規建設の計画がある。また、ベトナム、インドネシア、タイも原発建設を計画・検討している。

すでに原発を持っている国以外に研究炉のある国は、北朝鮮、インドネシア、フイリピン、バングラデシュ、タイ、マレーシア、ベトナムなどである。商業用に運転中や建設中、計画中の原発の様子を表6-1に示す。

経済成長を目指すアジアの国々が既存の原子力技術を輸入し、さしあたって電力をまかなおうとする気持ちは分からないわけではない。しかし、先進諸国が経験し、なお恐れているように、原発には放射能事故の心配がつきまとい、安全性が保証されない。被曝労働という差別された労働に従事する人びとの存在なしに管理・運転ができない。前節で見たように放射性廃棄物の始末の方法がない。核拡散の現実がつきまとっている。その上、アジアでは、地震、津波、台風などの自然災害にさらされている。その対策は欧米よりもはるかに難しい。〇八年五月の中国・四川大地震はそれをはっきり教えた。

アジアでは、先進諸国がとってしまった道のあとを追うのではなく、地域の特徴を生かし、多様で豊かな自然エネルギーの有効利用こそが追求されるべきである。そのための技術開発が求められているのである。そのような方向を目指して活動しているアジアの人たちの運動がある。ノー・ニ

表6-1　アジア各国の原発

国	状況	原子炉名	炉型	出力	運転開始
韓国	運転中	古里1号	PWR	58.7	1978
		古里2号	PWR	65.0	1983
		古里3号	PWR	95.0	1985
		古里4号	PWR	95.0	1986
		月城1号	CANDU	67.9	1983
		月城2号	CANDU	70.0	1997
		月城3号	CANDU	70.0	1998
		月城4号	CANDU	70.0	1999
		霊光1号	PWR	95.0	1986
		霊光2号	PWR	95.0	1987
		霊光3号	PWR	100.0	1995
		霊光4号	PWR	100.0	1996
		霊光5号	PWR	100.0	2002
		霊光6号	PWR	100.0	2002
		蔚珍1号	PWR	95.0	1988
		蔚珍2号	PWR	95.0	1989
		蔚珍3号	PWR	100.0	1998
		蔚珍4号	PWR	100.0	1999
		蔚珍5号	PWR	100.0	2004
		蔚珍6号	PWR	100.0	2005
	建設中	新古里1号	PWR	100.0	2010*
		新古里2号	PWR	100.0	2011*
		新古里3号	PWR	140.0	2013*
		新古里4号	PWR	140.0	2014*
		新月城1号	PWR	100.0	2012*
		新月城2号	PWR	100.0	2013*
	計画中	新蔚珍1号	PWR	140.0	2015*
		新蔚珍2号	PWR	140.0	2016*
台湾	運転中	金山1号	BWR	63.6	1978
		金山2号	BWR	63.6	1979
		国聖1号	BWR	98.5	1981
		国聖2号	BWR	98.5	1983
		馬鞍山1号	PWR	95.1	1984
		馬鞍山2号	PWR	95.1	1985
	建設中	龍門1号	ABWR	135.0	2009*
		龍門2号	ABWR	135.0	2009*

国	状況	原子炉名	炉型	出力	運転開始
中国	運転中	広東大亜湾1号	PWR	98.4	1994
		広東大亜湾2号	PWR	98.4	1994
		秦山1号	PWR	31.0	1994
		秦山II-1号	PWR	65.0	2002
		秦山II-2号	PWR	65.0	2004
		秦山III-1号	CANDU	72.0	2002
		秦山III-2号	CANDU	72.0	2003
		嶺澳1号	PWR	99.0	2002
		嶺澳2号	PWR	99.0	2003
		田湾1号	VVER	106.0	2007
		田湾2号	VVER	106.0	2007
	建設中	嶺澳II-1号	PWR	100.0	2010*
		嶺澳II-2号	PWR	100.0	2011*
		秦山II-3号	PWR	65.0	2011*
		秦山II-4号	PWR	100.0	2012*
		CEFR	FBR	2.5	2012*
		紅沿河1号	PWR	111.0	
		紅沿河2号	PWR	111.0	
		紅沿河3号	PWR	111.0	
		紅沿河4号	PWR	111.0	
	計画中	三門1号	PWR	100.0	
		三門2号	PWR	100.0	2013*
		海陽1号	PWR	100.0	2014*
		海陽2号	PWR	100.0	2014*
		陽江1号	PWR	100.0	
		陽江2号	PWR	100.0	

●2008年1月1日現在●出力の単位は万キロワット●運転開始の＊は計画

炉名の読み：月城(ウォルソン)、霊光(ヨンヨングァン)、蔚珍(ウルチン)、金山(チンシャン)、国聖(クオション)、馬鞍山(マアンシャン)、龍門（ルンメル)、大亜湾（ターヤーワン)、嶺澳(リンアオ)、紅沿河(ホンイェンハー)、三門(サンメン)、海陽(ハイヤン)、陽江(ヤンジャン)

ユークス・アジア・フォーラム（ＮＮＡＦ）といい、毎年、アジアの国々のまわりもちで集会が開かれてきた。年６回発行される通信は９２号をかぞえる。今年は3年ぶりだったが、柏崎と東京とで1週間にわたって集会・討論会が開かれた。この人たちの合い言葉は「持続可能で平和なエネルギーの未来」である。

核拡散――米・印原子力協力の動き

核不拡散条約（ＮＰＴ）に加盟していない上に、一九八八年核実験を強行し、核開発を続けているインドに対して、アメリカのブッシュ政権は原子力協力協定を結ぶ政策をとった。これは、核不拡散と核廃絶を志す人びとにとって、非常に大きな脅威である。

「原子力の平和利用」が一九五三年に唱えられて以来、半世紀を超えた現在まで、核兵器に対する人類の恐怖は絶えることがなかった。そういう歴史を踏まえると、「平和利用」も「軍事利用」も一体ではないかと思わないわけにはいかない。「平和利用」の目的をかかげてはいるが、日本の六ヶ所再処理工場も疑われている。取り出したプルトニウムは将来の核武装用ではないかと。

米・印の原子力協力は、インドの「軍事利用」の原子炉・核施設を不問にしたまま、アメリカがインドに原子炉や核燃料を供給しようというものである。これはインドを事実上の核兵器国として認めることになってしまう。インドと同様にＮＰＴに加盟していないパキスタンとイスラエルは、すでにインドと同じ特権を要求している。ほかの国々も同調する恐れが出てくる。何処まで核拡散が進むか分からない。

こういう動きに対して、インド・パキスタン両国の市民グループをはじめ、各国の平和団体、学者、ジャーナリストらの反対運動が起きている。核拡散に歯止めをかけることができるかどうか、重要な局面にさしかかっているのが現状だ。

エネルギーのこれから

最近になって、原油の値段がとどまるところを知らずに高騰している。その結果、庶民の暮らしのあらゆるところに影響が及び始めた。現代は全くの石油依存社会であることがよく分かる。石油の前は、石炭が黒いダイヤといわれて、社会のエネルギー源だった時代があった。天然ガスをふくめて石油、石炭を化石エネルギー資源と呼ぶことがある。46億年の地球の歴史のなかで、自然につくられ、地中に貯えられたものである。

石炭、石油、天然ガスを掘り出して使い、工業化に成功した国々は、豊かで便利な現代社会をつくりあげてきた。しかし、これらの資源の埋蔵量は有限であることは明らかである。オイル・ピーク説は、石油の埋蔵量のピークがすぎた、と説く。地下の資源のことゆえ、本当のところは、誰にも分からない。ずっと後になって、あのときがそうだった、と納得するのだろう。

ウランの核分裂を利用した原発も、ウランという地下の有限な資源を利用しているので、おのずと、利用期間は制限されている。万一、使用済み燃料を再処理してプルトニウムを発電に利用できると仮定したとしても、たかが知れている。いずれ原発は姿を消すことになる。発電時にはCO_2を出さないので、地球温暖化を防ぐには原発だ、という主張がある。科学的には、そんなことはない。さまざまな条件を設定し、ややこしい議論が必要かもしれないが、先の桑原さんの詩にふたたび耳をかたむけたい。

底なし沼から底なし沼へ

地球の温暖化が進んでいる
「だからCO_2の排出量を減らそう」
僕は言う「大賛成」

原発はCO_2をださない
「だから原発をつくろう」
僕は言う「ちょっと待って」

原発だってCO_2をだす
ウランを掘るとき
ウランを核燃料に加工するとき

核燃料を運ぶとき
原発を建設するとき
使用済み核燃料を処分するとき
原発を解体するとき
そのほか　いろんな過程でＣO_2をだす

そして　何よりも
何百年　何千年　何万年　もしかしたら何十万年も
始末できない放射性廃棄物をだす

その放射性廃棄物は
何百年　何千年　何万年　もしかしたら何十万年も
地球をおびやかす
地球上のすべての生命をおびやかす

誰かが言った「脱原発は究極のエコ」
僕もそう思う

いくらCO_2を減らしても
放射性廃棄物を山ほど出したら意味がない
こっちのヤミ金融からの借金を減らすために
あっちのヤミ金融に借金したら意味がない
底なし沼から底なし沼への引っ越しだ

CO_2を減らそう！
放射性廃棄物を出すのをやめよう！
そこに
人間のすべての生命が暮らせる未来がある

科学にはずぶの素人だが、私たちすべての安全に関わる課題であり、日頃、原発について感じている疑問点を記した、と桑原さんは言う。『永遠の未完成』という桑原さんの詩集を読むと、科学に無限の明るい未来を抱いていた頃の私自身が恥ずかしい。桑原さんは問う。「原発は　なんかうさんくさい　／　30年前は『石油がなくなるから原発だ』と言い　／　20年前は『発電コストが安いから原発だ』と言い　／　10年前は『ベストミックスのために原発だ』と言い　／　今は『CO_2を出さないから原発だ』と言う」。同じ原発なのに、その時々で、言うことがコロコロ変わる、いったい、本当の理由は何だろう？　そこを知りたい、というのである。今の私なら、何と答えられるだろうか。

ＮＮＡＦに早くから参加した勝田忠広さんは、二〇〇二年に、将来の望ましいエネルギー構造はどうあるべきかを研究した（当時、原子力資料情報室）。その興味深い論文を紹介する。

論文は、①「原発がないと電力が不足するのか」、②「原発がないと温暖化対策ができないのか」、③「エネルギー消費が減ると生活は不便になるのか」の三つの問いに答えようとしたものである。

勝田さんは、これをＣＮＩＣモデルと名付けた。ＣＮＩＣとは原子力資料情報室の英名、Citizens' Nuclear Information Center のことである。

採用した考え方と方法の基本は次の３点である。

①人口、世帯数、国民総生産などの基礎指標量を政府と同じにとる。
②家庭、業務、運輸、産業などでの最終エネルギー消費量を導く。
③以上から、石油、石炭、天然ガス、原子力など必要な１次エネルギー(注)供給量を導く。

政府がとっているやり方では、まず１次エネルギーの供給量を決めて、それをどう使うか、日本

(注) 石油、石炭、天然ガス、原子力、水力、地熱などを１次エネルギーという。電力、水素、メタノールなどは２次エネルギーである。

経済をマクロにとらえ、長期予測の計量経済モデルをつくり、エネルギーのフローを追う。いわゆるトップダウン型である。それとは逆に、あくまでも主体は需要者、つまり、市民である。その立場で消費量を考える。これをもとに1次エネルギーの供給量を求めるのである。そのとき、市民の省エネ行動と効率化技術を積極的に取り入れることを前提にする。家電機器の効率向上、待機電力の削減などライフスタイルの見直しも求められる。業務部門でも、業務機器の効率向上、エレベーターの省エネルギー、LED交通信号の導入を図るなど、さまざまな努力を行う。

勝田さんは、原発を10〜13基増設するという政府の考えに近い二〇一〇現状維持ケースと、ムダな電力を削減し原発を廃止する二〇一〇効率化ケースを計算した。その上で、二〇五〇年まで、10年ごとの最終エネルギー消費量を部門別、エネルギー別に求め、電気事業者による発電電力量、1次エネルギーの国内供給量などを計算し

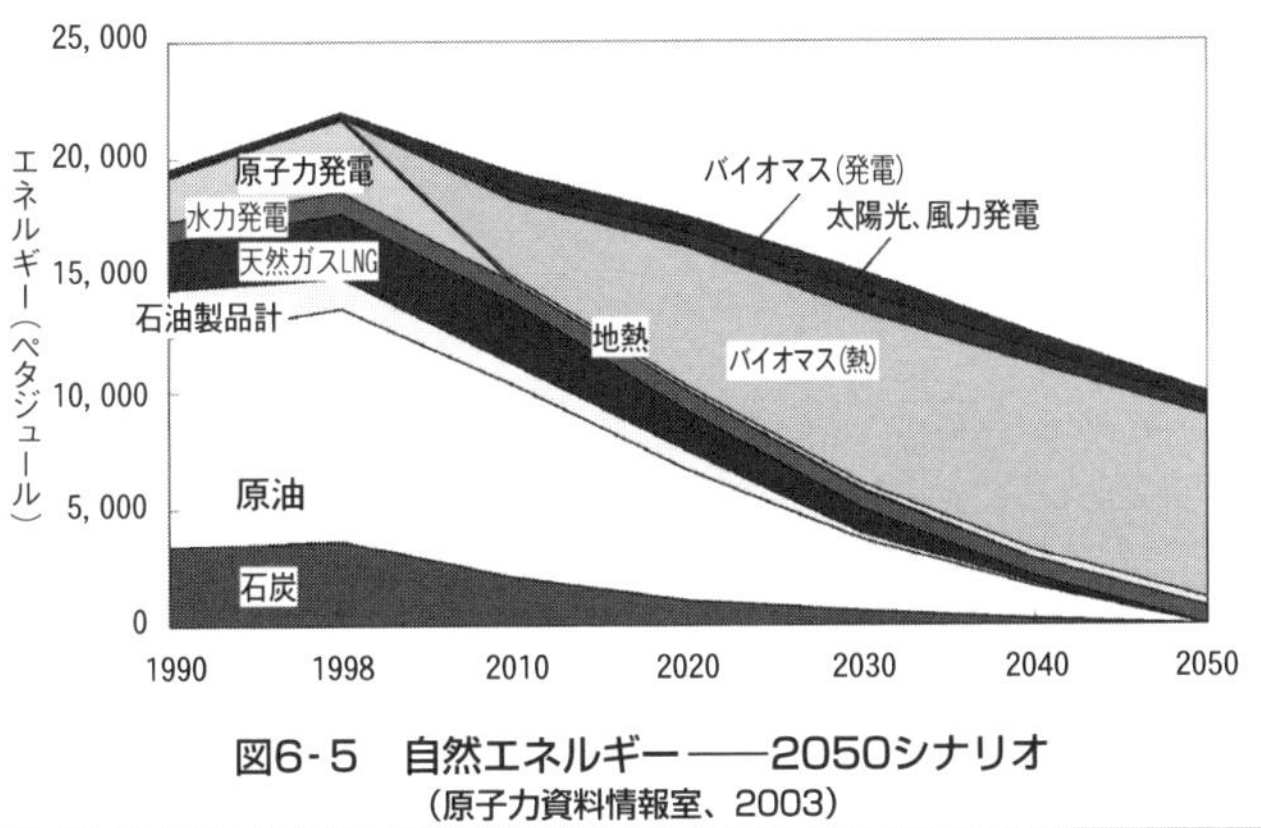

図6-5　自然エネルギー――2050シナリオ
（原子力資料情報室、2003）

た。

こうして自然エネルギー100パーセントのシナリオを描いた。原発は二〇一〇年にゼロにし、50年かけて、化石エネルギー資源をバイオマス資源に変えていく手順は次のようになる。

①1次エネルギー供給量の化石エネルギーを徐々に減らす。
②不足分を補うようにバイオマスエネルギーを導入する。熱利用は、産業部門は主としてバイオマスエネルギー、家庭部門と業務部門は太陽熱とする。
③バイオマス導入と同時に、太陽光、風力、水力を用いた電気分解で水素を製造する。この水素で、燃料電池を通じて電力と熱をつくる。
④運輸部門は、主としてエネルギー作物によるバイオマスエネルギーを利用する。ただし、エネルギー作物については、食糧や空き地利用での環境問題には十分な留意が必要である。

詳しい内容と計算のプロセスは注の文献を見ていただきたいが、ここでは結果をグラフ（図6-5）で示す。あくまでも、一つの条件での計算だが、二〇一〇年に原発はゼロ、CO_2の排出量は一九九〇年レベルから2・2パーセント減となる。桑原さんの詩が問うていることに、部分的だが、応えているかと思う。

生産性、能率化、利便性を優先し、エネルギーを使い放題の現代の工業化社会のありようをアメ

（注）勝田忠広：『市民のエネルギーシナリオ2050――将来の望ましいエネルギー構造』（原子力資料情報室、2003）

リカの物理学者エイモリー・ロビンスにならって「ハード・パス」（hard path）と呼ぶなら（一九七六年）、このＣＮＩＣモデルは、原子力なしの「ソフト・パス」（soft path）が可能であることを示している。

日本の原子力発電所一覧（2008年8月末現在）

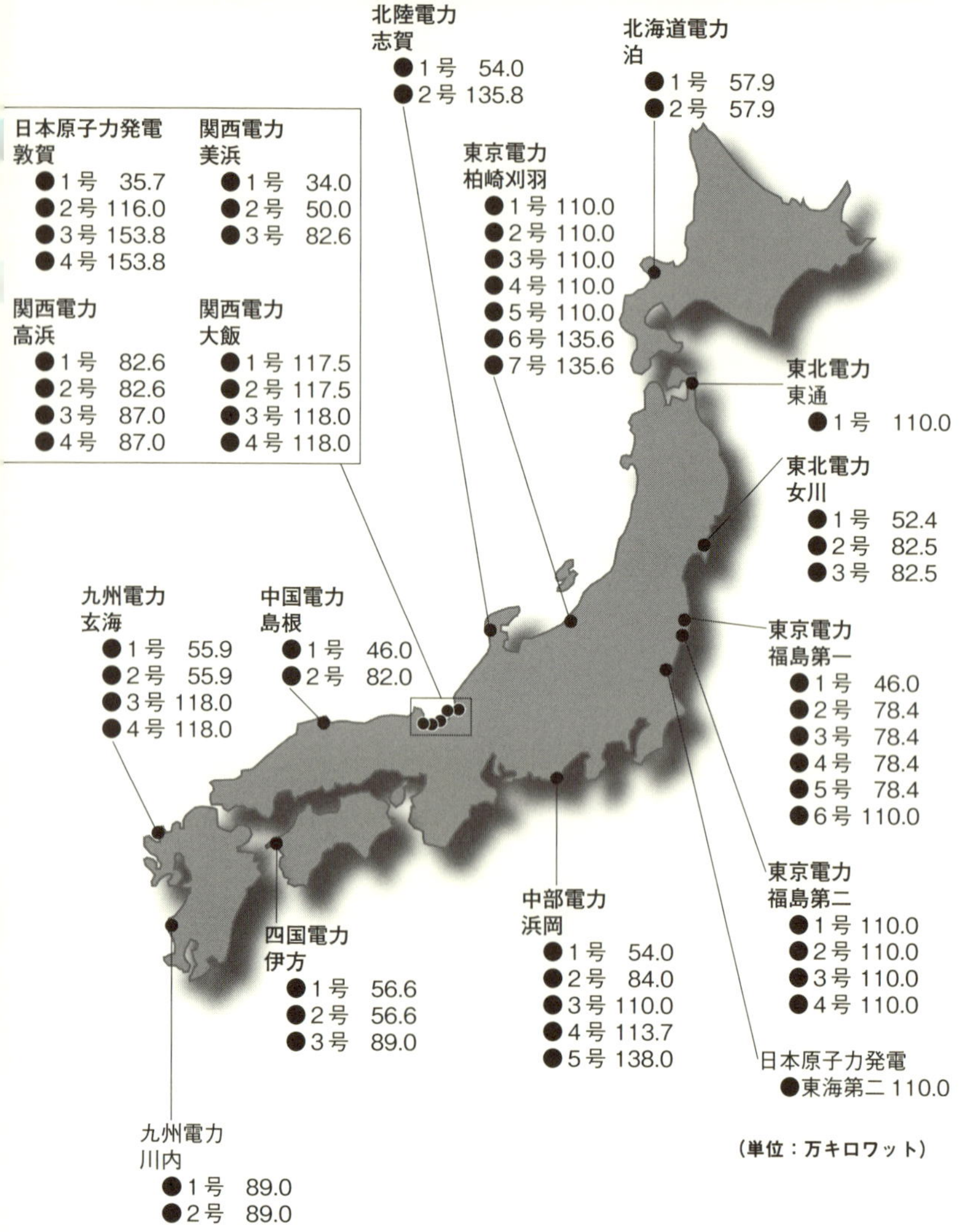
北陸電力
志賀
1号 54.0
2号 135.8
北海道電力
泊
1号 57.9
2号 57.9
日本原子力発電
敦賀
1号 35.7
2号 116.0
3号 153.8
4号 153.8
関西電力
美浜
1号 34.0
2号 50.0
3号 82.6
関西電力
高浜
1号 82.6
2号 82.6
3号 87.0
4号 87.0
関西電力
大飯
1号 117.5
2号 117.5
3号 118.0
4号 118.0
東京電力
柏崎刈羽
1号 110.0
2号 110.0
3号 110.0
4号 110.0
5号 110.0
6号 135.6
7号 135.6
東北電力
東通
1号 110.0
東北電力
女川
1号 52.4
2号 82.5
3号 82.5
九州電力
玄海
1号 55.9
2号 55.9
3号 118.0
4号 118.0
中国電力
島根
1号 46.0
2号 82.0
東京電力
福島第一
1号 46.0
2号 78.4
3号 78.4
4号 78.4
5号 78.4
6号 110.0
東京電力
福島第二
1号 110.0
2号 110.0
3号 110.0
4号 110.0
中部電力
浜岡
1号 54.0
2号 84.0
3号 110.0
4号 113.7
5号 138.0
四国電力
伊方
1号 56.6
2号 56.6
3号 89.0
日本原子力発電
東海第二 110.0
九州電力
川内
1号 89.0
2号 89.0
（単位：万キロワット）

あとがき

二〇〇二年の夏、一技術者の内部告発がきっかけになって、東京電力の原子力発電所で大がかりなデータの隠蔽、改ざん、偽造がおこなわれていた、という事件があかるみに出ました。業界の最大手の電力会社のウラの顔というべき現実を知って、多くの人たちが仰天しました（『検証　東電原発トラブル隠し』原子力資料情報室、岩波ブックレット、二〇〇二年十二月）。その後も、電力各社の隠蔽が続きました。

放射線はこわいものという認識は、十九世紀末に放射線が発見されてから徐々に深まってきて、現在は、どんな微量の放射線でも避けられるかぎり避けようという慎重な考えかたになっています。医療の現場などでは、メリットとデメリットの判断が患者個人の意志によってなされ、ある程度はやむなし、ということがあります。しかし、原発では、そこに働く人々が選択の余地なしで、相当程度の放射線の影響をうけています。「被曝労働者問題」は深刻で、いのちを失った幾人もの人たち、あびた放射線の恐怖におびえている人々が存在しています。同時に、事故がなくとも平時で周辺の住民は、なにがしかの影響を受けているおそれがあります。だれかが、そのくらいは大丈夫ですと許容する問題ではありません。原発を持つ事業者はいっさいの隠し事をせずに、正直にすべてのデータを公表する義務があるはずです。本書では、あわや、という事故をふくめ、それに違反する例がいくつも紹介されました。

本書の各章で、原発を進める立ち場に身をおいてしまうと、客観的とはほど遠い判断がされ、しかもそのことが隠されてしまう実際が明らかにされています。政府の政策にしたがう御用学者は、結局のところ、住民・市民の安全と安心をないがしろにしていることがよく分かるかとおもいます。

「ゲンパツ」というと、しちめんどくさそうだと敬遠されがちです。それでは住民・市民がそれと知らずに被害を受けることになってしまう。歴史をひもとけば、それをしめす例は数えきれない。そう考えて研究会の仲間のあいだで、中学生にも分かるゲンパツの本を書こうと話しあっていたのは、もう何年も前のことです。

内容を議論し執筆分担をし、意見を交換しながら筆を進めたのですが、なかなかできあがりません。原発が次々に、事故や不祥事をおこし、わたしたちがその対応に追われたのが最大の理由です。加えて、この十数年、マグニチュード7前後の地震が頻発し、研究会の本来のテーマである「原発老朽化」と「地震」の両方を相手にせざるを得なくなってしまいました。

第四、五章で述べられたように、柏崎刈羽と浜岡とは、司法が行政に追従しているとしか考えられません。そしていま現在、真実を隠して「原発ことなし」、まるで原発など心配することもないかのような、世論がつくられようとしています。教育現場へも、地球温暖化にとって原発はやさしいエネルギー源だ、というキャンペーンが滲透しつつあります。

こういう雰囲気を感じて、担当者が全力を傾けて執筆した結果、専門家対象のような内容になったところもあることは否めません。いつのまにか、中学生が読んで解るレベルを超えてしまったかもしれません。しかし、中学生にたいしても十分な価値あるものとして世に送り出すことができたのではないかと、秘かにおもっています。できるだけ沢山の読者の目にふれてほしいと願っています。

おわりに、「原発老朽化問題研究会」についてひとこと申しそえます。この「研究会」は工学、科学、法律などいろんな分野の専門家、研究者が原子力資料情報室を中心にあつまり、二〇〇二年五月に発足しました。これまでに、『老朽化する原発―技術を問う―』（原子力資料情報室、二〇〇五年）を公刊しています。本書はそれに次ぐものです。ちなみに、一九七五年に設立された原子力資料情報室は、脱原発をめざし、政府や産業界とは独立に原子力にかんする資料・情報をあつめ、分析し、発信しているNPO法人です。

「研究会」は、高木仁三郎市民科学基金から二度にわたって研究助成を受けました。ここに記して、感謝の意を表すしだいです。そして、現代書館の菊地泰博さんは執筆陣の遅筆を督励し、辛抱強く待ってくださいました。あつくお礼を申しあげます。

原発老朽化問題研究会　山口　幸夫

著者紹介

田中　三彦（たなか　みつひこ）

一九四三年日光市生まれ。東京工業大学生産機械工学科を卒業後、九年間民間企業で原子炉圧力容器の設計などに従事。その後退社し、自然科学系の著述ならびに翻訳に従事。

著書――『原発はなぜ危険か』（岩波新書）、『科学という考え方』（晶文社）など、主訳書に『ホロン革命』（工作舎）、『複雑系』（新潮社）、『生存する脳』（講談社）他。

井野　博満（いの　ひろみつ）

一九三八年生まれ。東京大学工学部卒業。同大学院数物系研究科博士課程修了。工学博士。大阪大学基礎工学部・東京大学生産技術研究所・同工学部・法政大学工学部を経て、現在、東京大学名誉教授。

著書――『「循環型社会」を問う』（共編著、藤原書店）、『材料科学概論』（共著、朝倉書店）、『現代技術と労働の思想』（共著、有斐閣）、『金属材料の物理』（共著、日刊工業新聞社）他。

上澤　千尋（かみさわ　ちひろ）

一九六六年生まれ。新潟大学理学部数学科卒業。一九九二年より原子力資料情報室のスタッフ。原子力発電所の事故解析および工学的安全性問題の担当。

著書――『東京湾の原子力空母―横須賀母港化の危険性』（新泉社）、『老朽化する原発』（原子力資料情報室）、『検証　東電原発トラブル隠し』（岩波ブックレット）、『ＭＯＸ総合評価』（七つ森書館）他。

武本　和幸（たけもと　かずゆき）

一九五〇年　原発敷地の東五キロメートルの農家に生まれる。測量士・技術士・一級土木施工管理技士・住宅地盤調査主任技士。

六八年二月、受験生の際に敷地内地質調査を目撃。その夏、新潟大学教養部の講義で「プレートテクトニクス理論を聴く」。

六九年九月の原発計画発表以来、反対運動に加わる。七二年、炉心変更で地盤に関心を持つ。七四年八月原発地盤論争提起、農業の傍ら土木調査・計画・設計・施工管理に関わる。七五年四月～九九年四月、刈羽村村議会議員。

一九六四年新潟地震。二〇〇四年中越地震。二〇〇七年中越沖地震を経験。

二〇〇四年中越地震、二〇〇七年中越沖地震では災害調査や住宅復旧計画に関わる。

只野　靖（ただの　やすし）

一九七一年二月生まれ。早稲田大学法学部卒業。二〇〇一年十月弁護士登録（第二東京弁護士会）。東京共同法律事務所所属。

主な担当事件――浜岡原子力発電所運転差し止め訴訟。八ッ場ダム建設反対住民訴訟。ＰＬＣによる電波妨害差し止め訴訟。ホトケドジョウ自然の権利訴訟。米軍横須賀基地原子力艦船上空の航空機飛行制限等請求事件。近未来通信被害者対策弁護団（事務局長）。その他、労働事件、欠陥建築事件、クレサラ被害事件、先物被害事件等の一般民事事件及び刑事事件多数。

山口　幸夫（やまぐち　ゆきお）

一九三七年新潟県生まれ。一九六五年東京大学大学院数物系研究科博士課程修了。工学博士。物性物理学専攻。米ノースウエスタン大学、東京大学などを経て、原子力資料情報室共同代表。

著書――『理科がおもしろくなる12話』『新版20世紀理科年表』（共に岩波書店）、『エントロピーと地球環境』（七つ森書館）他。

原発老朽化問題研究会
［連絡先］
郵便番号　162－0065
東京都新宿区住吉町八－五
曙橋コーポ2階B
原子力資料情報室気付
TEL　03－3357－3800
FAX　03－3357－3801

まるで原発などないかのように
――地震列島、原発の真実

二〇〇八年九月十五日　第一版第一刷発行
二〇一一年五月二十五日　第一版第五刷発行

編　者　原発老朽化問題研究会
発行者　菊地泰博
発行所　株式会社現代書館
東京都千代田区飯田橋三―二―五
郵便番号　102-0072
電　話　03（3221）1321
FAX　03（3262）5906
振　替　00120-3-83725
組　版　デザイン・編集室エディット
印刷所　平河工業社（本文）
東光印刷所（カバー）
製本所　矢嶋製本
装　丁　中山銀士

校正協力／岩田純子

ISBN978-4-7684-6971-2